Dr. Bhupal Patil

Padrões de uso da terra agrícola no distrito de Solapur

Dr. Bhupal Patil

Padrões de uso da terra agrícola no distrito de Solapur

A geographical study

ScienciaScripts

Imprint

Cover image: www.ingimage.com

This book is a translation from the original published under ISBN 978-620-8-11684-2.

Publisher:
Sciencia Scripts
is a trademark of
Dodo Books Indian Ocean Ltd. and OmniScriptum S.R.L publishing group

120 High Road, East Finchley, London, N2 9ED, United Kingdom
Str. Armeneasca 28/1, office 1, Chisinau MD-2012, Republic of Moldova, Europe
Printed at: see last page
ISBN: 978-620-8-15984-9

Índice

Prefácio

A agricultura sempre foi a espinha dorsal das economias rurais, especialmente em regiões como o distrito de Solapur, onde a paisagem e o clima desempenham um papel fundamental na definição das práticas agrícolas. Compreender a forma como a terra é utilizada para fins agrícolas nestas zonas propensas à seca é crucial não só para os agricultores e decisores políticos locais, mas também para os investigadores e académicos interessados na relação entre a geografia e o desenvolvimento agrícola.

O livro tem por objetivo fornecer uma análise aprofundada dos padrões de utilização das terras agrícolas, examinando a forma como os factores ambientais, a disponibilidade de água, os tipos de solo e a intervenção humana influenciam a produtividade e a sustentabilidade agrícolas nesta região. Solapur, com os seus desafios geográficos únicos, como as secas recorrentes e a precipitação irregular, constitui um estudo de caso fascinante para compreender como os agricultores se adaptam e, por vezes, lutam contra os condicionalismos da natureza.

Este livro faz mais do que apenas descrever as práticas agrícolas do distrito; oferece uma visão dos contextos socioeconómicos e ambientais mais amplos que moldam essas práticas. Ao centrar-se nos padrões de utilização dos solos, o livro realça a necessidade de uma gestão eficiente da água, de técnicas agrícolas inovadoras e de práticas sustentáveis que possam ajudar a atenuar o impacto da variabilidade climática na região. O estudo será, sem dúvida, um recurso valioso para investigadores, estudantes e decisores políticos, oferecendo recomendações baseadas em factos para melhorar a produtividade agrícola em Solapur.

Ao embarcar nesta exploração da agricultura em Solapur, o autor promete ser um contributo abrangente e estimulante para o domínio da geografia agrícola. Servirá também de guia para aqueles que procuram implementar estratégias agrícolas eficazes noutras regiões que enfrentam desafios semelhantes.

Espero que este trabalho inspire mais investigação e acções práticas que contribuam para um futuro agrícola mais sustentável, não só em Solapur mas também em regiões propensas à seca em todo o mundo.

É com grande expetativa que apresento este avanço para um estudo importante e muito necessário.

Dr. B. D. Patil

Capítulo 1: Introdução

1. O problema
2. Seleção da região
3. Seleção do tema
4. Objectivos
5. Base de dados
6. Metodologia
7. Revisão da literatura
8. Organização do trabalho

Referências

Introdução

A base económica do país depende da agricultura. Para aumentar o rendimento agrícola, não se deve depender apenas da precipitação. Um abastecimento de água adequado satisfaria as necessidades. A água é um elemento importante para aumentar a produção agrícola. A aplicação natural ou artificial de água no solo para fins de humidade e a aplicação atempada de água para o crescimento e produção de plantas dependem em grande medida da implementação de vários projectos de irrigação. A água é um recurso básico na terra para todos os organismos vivos, incluindo a humanidade, e para o desenvolvimento e sobrevivência da comunidade vegetal. O processo ambiental da biosfera também é regulado pela água. Normalmente, as águas subterrâneas e superficiais são utilizadas para a irrigação e quando a água disponível nestas fontes é retirada artificialmente através do seu fluxo para fornecer a quantidade de água necessária às culturas, chama-se a isso irrigação. A irrigação é um fator de produção primário para a produção agrícola. Se uma área for dotada de água de irrigação, o sector agrícola é afetado positivamente. Se não houver um abastecimento de água adequado, a utilização de fertilizantes, sementes, pesticidas, etc. não será útil para o rendimento.

A Índia é basicamente um país orientado para a agricultura e o papel da agricultura é vasto, uma vez que é a empresa mais importante da economia indiana. A agricultura é um termo amplo que engloba todos os aspectos da produção vegetal, da pecuária, da pesca e da silvicultura. O desempenho da agricultura desempenha um papel importante no progresso da economia. Contribui para a realização dos objectivos de desenvolvimento de erradicação da pobreza e de modernização da sociedade. O sector agrícola é a espinha dorsal do desenvolvimento do país e a linha de vida de 70% da população que ainda depende da agricultura para viver. A agricultura fornece alimentos a milhões de pessoas e matérias-primas às nossas indústrias. O desenvolvimento da agricultura parece ser a chave do progresso da nossa economia como um todo. A agricultura atual, tanto na Índia como noutros países, evoluiu ao longo dos tempos. A agricultura na Índia tem sido praticada de forma tradicional há muito tempo, dificilmente utilizando as técnicas modernas das regiões desenvolvidas. No entanto, durante as últimas três décadas, foi dada especial atenção à modernização da agricultura com a adoção de instalações de irrigação. A Índia começou a marchar nesta direção, sobretudo a partir do segundo plano quinquenal. A nova tecnologia foi adoptada através da revolução verde, o que levou a um aumento da produção alimentar. Assim, a nova cultura e o seu sucesso estão intimamente ligados ao desenvolvimento da irrigação.

A irrigação é um fornecimento artificial de água à terra para o cultivo de culturas e para aumentar o rendimento por hectare. A irrigação é necessária especialmente numa zona de precipitação incerta. É essencial uma aplicação artificial de água para superar as deficiências da precipitação para o cultivo de culturas (Contor, 1967). A irrigação é um dos factores de produção indispensáveis para a transformação da agricultura. No entanto, é reconhecida como uma necessidade dos agricultores nas regiões áridas e semi-áridas para manter uma elevada produtividade das culturas e para cultivar cada vez mais terras. A necessidade de irrigação é maior nas regiões onde a precipitação é sazonal e não está assegurada. Além disso, é um agente vital para as plantas, pelo que o fornecimento artificial de água se tornou essencial. Outros factores de produção, como os fertilizantes e as medidas de proteção das plantas, dificilmente são eficazes sem irrigação suplementar para atenuar o stress hídrico. Por conseguinte, há necessidade de desenvolver os recursos hídricos, a criação de instalações de irrigação é, no entanto, apenas o meio para acabar com a sua utilização eficaz para a produção de culturas. A irrigação desempenha um papel vital na satisfação da procura crescente de alimentos e forragens para a população humana e animal em crescimento; além disso, é uma prática antiga da civilização antiga concebida para reduzir a deficiência de humidade. O investimento na irrigação traz múltiplos benefícios, tais como a impossibilidade de o agricultor efetuar duas ou três colheitas por ano.

A irrigação é um pré-requisito para a adoção da nova tecnologia na utilização de terras cultiváveis. A terra cultivada é a área regularmente lavrada e inclui tanto a lavoura (área cultivada líquida) como as terras seguintes. A irrigação conduz a uma melhor utilização produtiva das terras cultivadas. Para ser bem sucedida e bem desenvolvida, a agricultura requer o fornecimento de água a intervalos regulares e nas quantidades necessárias. A transformação depende parcial ou totalmente da natureza e do modo de irrigação; por conseguinte, é considerada como uma parte integrante da infraestrutura sólida da agricultura.

A irrigação é uma variável importante para afetar a agricultura. A presente investigação visa estudar o efeito da irrigação na utilização dos solos agrícolas no distrito de Solapur, o efeito da irrigação na utilização dos solos, no padrão de cultivo e na produção das culturas. O principal objetivo do estudo é descobrir o efeito da irrigação no padrão de utilização das terras agrícolas no distrito de Solapur. O distrito de Solapur situa-se numa zona de sombra de chuva no oeste de Maharashtra. Esta região recebe a precipitação total num período curto, pelo que a necessidade de projectos de irrigação é importante para o desenvolvimento e a produtividade da agricultura. Por conseguinte, as instalações de irrigação são muito mais importantes no distrito de Solapur.

1.2 Seleção da região de estudo e do tema

A Índia é uma nação predominantemente agrícola e o estado de Maharashtra ocupa uma posição importante, ocupando o terceiro lugar em termos de área e o segundo em termos de população. O distrito de Solapur ocupa também uma posição significativa em termos de superfície e de população. O distrito de Solapur contribui com uma parte considerável da população e da produção económica no que diz respeito à economia do Estado. A seleção da região de estudo objeto de investigação visa analisar o estudo geográfico da irrigação no padrão de utilização dos solos no distrito de Solapur. O estudo abrange as fontes de irrigação e o desenvolvimento da irrigação na região de estudo. O enquadramento geográfico e os factores ecológicos deram-lhe o seu cunho. A região selecionada para o inventário do problema é a região do planalto em geral. Está localizada numa zona do estado de Maharashtra propensa à seca. É por isso que a irrigação é um fator dominante que desempenha um papel importante nos padrões de cultivo, na intensidade das culturas, na produtividade das culturas, na transformação da agricultura, etc.

A escolha do tema a investigar foi analisada com base em muitas considerações. Para a análise geográfica da irrigação, o distrito de Solapur foi selecionado como região de estudo. O investigador é motivado por muitos factores ao selecionar a irrigação, nomeadamente as fontes de irrigação, o modo de irrigação, a área irrigada por cultura e o impacto da irrigação na agricultura. O tema selecionado para a região de estudo tem as seguintes considerações -

A. O presente estudo aborda as perspectivas geográficas da irrigação no distrito de Solapur. A sua extensão latitudinal situa-se entre 17°05' de latitudes norte e 18° 32' de latitudes norte e 74° 42' de longitudes leste e 76° 15' de longitudes leste. A área geográfica total do distrito de Solapur é de 14878 quilómetros quadrados. A extensão

Este-Oeste do distrito de Solapur é de 153 km e a extensão Norte-Sul é de 96 km. A população do distrito, de acordo com o censo de 2011, é de 43.15.527 habitantes.

B. A agricultura é a atividade mais dominante no distrito de Solapur. A economia do distrito depende principalmente da agricultura, como o comprova o facto de os cultivadores (595439) e os trabalhadores agrícolas (500977) constituírem, em conjunto, 62,90% do total de trabalhadores na região de estudo.

C. Todos os onze tehsils do distrito de Solapur são constituídos por zonas secas pelo comité Sukhatankar.

D. O solo, a topografia, a pluviosidade e o clima do distrito de Solapur não são, em geral, muito favoráveis à agricultura. O resultado é um rendimento relativamente baixo das culturas importantes na zona de estudo, em comparação com outros distritos do estado de Maharashtra.

E. A percentagem da área irrigada líquida em relação à área cultivada bruta na região de estudo é de apenas 6,20%, em comparação com 22,09% para o estado como um todo em 2004-05.

F. A agricultura na área de estudo é, portanto, largamente dependente da monção. O investimento em sistemas de irrigação tem um impacto favorável na produção e na produtividade das culturas, pelo que é necessário avaliar o desenvolvimento da irrigação e o seu papel no desenvolvimento agrícola.

G. A irrigação desempenhou um papel importante na transformação da paisagem agrícola em geral e da irrigação em particular, bem como na vida das populações rurais da região de estudo.

H. O investigador, que nasceu e cresceu na região de estudo, ou seja, no distrito de Solapur, conhece e está bem familiarizado com o ambiente geográfico da zona. Por isso, é útil na realização do trabalho de campo e na recolha de dados necessários para o objetivo do estudo.

I. O trabalho "A Geographical Study of Irrigation on Agriculture Land use in the Solapur District" (Estudo geográfico da irrigação na utilização de terrenos agrícolas no distrito de Solapur) ainda não foi tentado por nenhum outro geógrafo e este tipo de trabalho pode ser útil para a preparação e implementação de esquemas de desenvolvimento relativos à irrigação e à agricultura. Assim, o investigador selecionou esta região e este tema para efeitos de investigação geográfica.

1.3 Objectivos

O objetivo deste estudo é avaliar o impacto da irrigação no padrão de utilização das terras agrícolas no distrito de Solapur. Este livro pode ser realizado através da análise dos seguintes sub-objectivos;

i) Examinar as condições físicas e socioeconómicas do distrito de Solapur.
ii) Estudar as disparidades de nível na irrigação e no padrão de cultivo.
iii) Estudar as fontes de irrigação naturais e artificiais na região de estudo.
iv) Avaliar a irrigação e o padrão de cultivo na área de estudo.
v) Propor sugestões para um melhor planeamento da irrigação.

1.4 Bases de dados

O presente estudo baseia-se principalmente em dados primários recolhidos através de um inquérito por amostragem e de entrevistas pessoais. É feita uma utilização limitada de dados secundários. Para efeitos do inquérito, é utilizado um método de amostragem sistemático e intencional, tal como se descreve a seguir. Os dados recolhidos através de fontes primárias e secundárias são processados e representados por técnicas estatísticas e cartográficas.

1.4. A. Recolha dos dados primários

Este livro baseia-se principalmente no trabalho de campo para obter os dados primários necessários dos inquiridos, que são recolhidos através da utilização de calendários processados. Tanto os calendários como as técnicas de entrevista são utilizados principalmente para a recolha de factos relativos à situação de irrigação dos agricultores. Os calendários foram preenchidos no local do inquérito. A entrevista e a discussão com os agricultores foram tentadas durante as visitas ao terreno. Devido a esta discussão pessoal, foram fornecidas pistas sobre as questões vitais envolvidas e revelada alguma da informação que não podia ser coberta nos calendários estruturais utilizados para os agricultores.

1.4. B. Recolha de dados secundários

Inclui relatórios e resumos publicados e não publicados, como a análise socioeconómica e o resumo estatístico distrital. Os dados para efeitos de análise foram recolhidos de várias fontes publicadas pelo governo e de relatórios elaborados pelo Departamento de Agricultura e pelo Departamento Distrital de Estatística de Solapur, pelo Centro de Investigação sobre Agricultura em Terras Secas de Solapur, por dados de

1991 e 2001 e pelo Departamento de Irrigação do Distrito de Solapur. Os dados foram também recolhidos em livros de referência de autores eminentes, relatórios publicados de vários estudos e revistas. Estas fontes foram utilizadas como fontes adicionais.

O gabinete do gram panchayat na aldeia e os gabinetes dos talathies forneceram informações sobre a distribuição das culturas, a posse de terras, os poços de irrigação, a utilização geral das terras, etc. Os dados relativos a alguns tipos de irrigação foram recolhidos no departamento de engenharia de irrigação, no gabinete da Zilla Parishad em Solapur.

1.5 Metodologia

Trata-se de um estudo sobre uma parte do distrito de Solapur, em Maharashtra. A seleção da região foi feita em duas fases. Inicialmente, o distrito de Solapur foi selecionado para o estudo, uma vez que a utilização das terras agrícolas mudou durante o período de investigação (1971-2005) devido à alteração da irrigação do distrito e à atitude dos agricultores. Entre as várias fontes de irrigação, são estudadas no distrito de Solapur o poço, o poço tubular, a barragem, o grande projeto de irrigação, o projeto de irrigação médio, o projeto de irrigação menor, o tanque de percolação, a barragem de açude K.T., o canal e a irrigação por elevação. Para estes, a intensidade da irrigação, o índice de intensidade da irrigação, etc. são calculados utilizando técnicas estatísticas para analisar o desenvolvimento da irrigação.

Na segunda fase, a irrigação foi selecionada para o estudo a nível micro. Para o presente inquérito, o distrito de Solapur foi selecionado em geral e todos os tehsils em particular. Por conseguinte, o tehsil foi a unidade aérea para a análise regional e a aldeia e a parcela foram escolhidas para a análise a nível micro. Após a realização do inquérito no terreno, os agricultores de cada zona foram agrupados de acordo com várias componentes da irrigação (área, fontes de irrigação, modo de irrigação, período de irrigação, utilização das terras pelos agricultores, etc.), a fim de se conhecer a situação real da irrigação no distrito de Solapur e os problemas relacionados com a irrigação.

As fontes primárias e secundárias foram processadas e representadas através de técnicas estatísticas e cartográficas. Os vários métodos e técnicas utilizados são explicados na secção correspondente do texto. Os vários sítios Web da Internet são utilizados como excelentes fontes de referência. Para a elaboração de gráficos e figuras, foram utilizados os programas Map Info, Coral Draw e Microsoft Office 2003 e 2007.

1.6 Revisão da literatura

O conhecimento do trabalho de investigação realizado no passado relacionado com o problema de investigação é necessário e útil para avançar na direção certa. O investigador poderá melhorar os estudos existentes e alargar o horizonte de investigação. A revisão pode também ajudar a refutar os conceitos e as afirmações feitas em estudos anteriores, bem como apoiar as conclusões do presente estudo, seguindo académicos estrangeiros e indianos que contribuíram e realizaram estudos relacionados com a fruticultura na Índia.

Gottumuikkala Anda (2010): Ele analisou a tecnologia de micro irrigação no rendimento, salinidade e quantificação de nitrato em águas subterrâneas no distrito de Rangareddi de Andhra Pradesh. Ele avalia as fontes de irrigação e o impacto da irrigação por gotejamento no rendimento das culturas, fornecimento de energia, economia de fertilizantes, análise de custo-benefício, etc. Ele também estuda as vantagens e desvantagens da irrigação por gotejamento no desenvolvimento da agricultura.

K.S. Mony (1995): Ele discutiu a "economia da irrigação; um estudo de caso dos projectos de irrigação de Kuttiadi". No seu estudo, descreveu o impacto da irrigação no padrão de cultivo, intensidade de cultivo e tecnologia moderna. Também estudou o impacto da irrigação na produção e nas oportunidades de emprego. Afirmou que o impacto da irrigação no custo dos factores de produção e na estrutura do rendimento.

Kadam N. B. (2009): Estudou o papel da irrigação no desenvolvimento da agricultura no distrito de Yavatmal. Discutiu o modo de irrigação, o papel da irrigação e o desenvolvimento da agricultura. Também estudou o papel da irrigação no desenvolvimento socioeconómico.

Khadse Namdeo Hiraman (2006): Estudou a cartografia das categorias de declive para utilização dos solos e agricultura nos distritos de Wasim e Akola, Maharashtra. Explicou também muitos declives geomórficos, hidrológicos e petrológicos. Também categorizou a área de cobertura das classes de declive em Akola e no distrito de Washim. O declive divide-se em terreno plano. Terrenos quase planos, terrenos com declives muito suaves, terrenos com declives suaves, terrenos com declives moderadamente suaves, terrenos com declives muito suaves, terrenos com declives moderadamente acentuados, terrenos com declives acentuados, terrenos com declives muito acentuados e terrenos com declives verticais a precipitados.

M.V. Reddy e N.B.K Reddy (1992): Discutiram a mudança do padrão de irrigação em Andhra Pradesh. Explicaram também que a irrigação é um fator decisivo na agricultura indiana devido à elevada variabilidade e inadequação da precipitação. A irrigação é imperativa para o êxito da agricultura, em especial nas zonas áridas, semi-áridas e sub-húmidas, que são propensas a condições de seca e fome devido a falhas parciais e atrasos ou a uma antecipação das monções. A zona de estudo de Andhra Pradesh tem uma área substancial de clima semi-árido; a agricultura é uma aposta com as monções.

Mankar Ganesh (2008) estudou o padrão de utilização das terras agrícolas em Mulshi tehsil do distrito de Pune. Neste artigo de investigação, foi feita uma tentativa de analisar o padrão de utilização das terras agrícolas a nível micro em Mulshi tehsil. Também calculou a classificação das culturas, a análise da combinação de culturas, etc.

Moorthi T.V. e Mellor W.J. (1972), num estudo sobre "Cropping Pattern Yields and Income under Different Sources of Irrigation with Special Reference to IADP, Aligarh District, Uttar Pradesh", concluíram que os agricultores com poços tubulares privados controlavam melhor o abastecimento de água em termos de disponibilidade atempada e em quantidade adequada. Este facto resultou numa maior intensidade de cultivo, rendimento, maior rendimento das culturas e cultivo de culturas de elevado rendimento nessas explorações. Este facto foi atribuído aos factores de flexibilidade em termos de quantidade e tempo disponíveis nessas explorações.

More K.S. (1980): O padrão de utilização das terras no distrito de Kolhapur é estudado por More K.S. Segundo ele, os factores tecnológicos afectam largamente o padrão de cultivo. Calculou a organização espacial da agricultura no distrito de Kolhapur com base em seis aldeias do distrito de Kolhapur. No seu estudo, mediu o desenvolvimento da agricultura no distrito de Kolhapur.

Nandani Chattcrjee (1995) estudou a agricultura de regadio: um estudo de caso de Bengala Ocidental; o autor recolheu dados oficiais e de inquéritos no terreno. Os principais objectivos dos estudos foram: (i) destacar os problemas básicos que tornaram a irrigação uma necessidade; (ii) avaliar o contexto físico da irrigação através de uma avaliação pormenorizada dos recursos hídricos superficiais e subterrâneos, bem como a sua influência nos tipos de irrigação no Estado; (iii) avaliar o impacto da irrigação na utilização dos solos, na intensidade das culturas, no padrão de cultivo, bem como na eficiência agrícola, através de uma análise a nível macro e micro.

Narendra Kumar I. e Chandrasekar Rao G. (2007) analisaram o facto de a irrigação reduzir o risco e a incerteza inerentes às culturas de sequeiro. A irrigação tem um impacto estabilizador na agricultura e gera emprego agrícola através de níveis mais elevados de intensidade de cultivo, da adoção de novas estratégias agrícolas, do crescimento de culturas de elevado rendimento e de culturas múltiplas. O seu estudo diz respeito ao distrito de Kurnool, em Andra Pradesh, com o objetivo de avaliar o impacto das fontes de irrigação do canal e dos poços perfurados na produção agrícola e na criação de emprego em culturas como o arroz e o algodão.

R.P.Yadhav (2007): O autor analisou de forma muito sistemática o "Impacto do esgotamento das águas subterrâneas nas condições socioeconómicas no sudoeste de Haryana, um estudo de caso". O documento analisa as consequências do esgotamento das águas subterrâneas na aldeia de Bhankhri (distrito de Mahendergarh) de Haryana. A aldeia está situada no semiárido de Haryana, com 570 hectares de terra, onde 65% das pessoas se dedicam à agricultura. O estudo incide sobre o impacto socioeconómico da subida e descida das áreas irrigadas por poços tubulares neste semi-litoral do Estado.

Shashi Bala Singh (2008): Analisou a evolução do padrão de utilização dos solos, a eficiência da utilização dos solos e a intensidade das culturas em Sant Ravidas Nagar, Uttar Pradesh. Explicou igualmente as alterações na eficiência da utilização das terras e na intensidade das culturas no distrito de Sant Ravidas Nagar do Uttar Pradesh. O bloco de Gyanpur registou o maior aumento de 160,69% para 133% em 1981. Aurain registou a segunda maior intensidade de cultivo (155,41%), enquanto Suryawan registou a terceira posição (147,71%) em 2001.

T.Pcnchalaish e Y.V.Kamanaiah (1992): Estudaram a análise espacial da precipitação na zona propensa à seca do distrito de Cuddapah, em Andhra Pradesh. Neste estudo, tenta-se descrever a distribuição espacial da precipitação, a intensidade da precipitação, os rácios de precipitação, a variabilidade da precipitação e a frequência da precipitação no distrito de Cuddapah numa base sazonal e anual. A precipitação de 1901 a 1988 foi recolhida em nove estações pluviométricas para análise. título sobre o "Impacto da irrigação no emprego" com base num microestudo que

Todkari, G.U. (2009): Na sua tese de doutoramento intitulada "Impact of Environmental Factors on Crop Land use in Solapur District with Special reference to Grapevine Cultivation" (Impacto dos factores ambientais na utilização das terras cultivadas no distrito de Solapur, com especial referência à cultura da videira), analisou a variação espácio-temporal da cultura da uva, da economia e da comercialização de gráficos no distrito de Solapur.

Para concluir, este capítulo serve de introdução ao presente estudo dos padrões de irrigação no Distrito de Solapur. Abordou extensivamente a introdução ao estudo, o problema, a seleção da região, a seleção do tópico, os objectivos, a base de dados e a metodologia, a revisão da literatura, etc. No capítulo seguinte, foi feito um levantamento do perfil da área de estudo.

Referências:

1. Hasan M. (1999) : Systematic Agriculture Geo. Pp. 90, 92, 99, 102, 104, e 108.
2. Amanoar Boadu et al (2003): The U. S. Grape Juice industry and Agriculture marketing Resource center, Kansas state University Case study series 03-04.
3. Dan Bryat (2000): New Grapevine varieties aim at higher grower returns, Western Farm Press . Internet Avaliado www looksmart . com.
4. Kali G A (1995): Grape and Raisin marketing in India , Drakshvitra. Pp-3.
5. Khillari M C (1991): Um estudo sobre o cultivo de uvas nos distritos de Pune e Nashik. Pp-15,21,55-60.
6. Kodag V B (1998): Study of exporting marketing of grapes and raisins in Sangli district . tese não publicada apresentada à Universidade Shivaji. Pp- 20-25
7. Noor Mohammad (1981): Technological changes & Spatial Diffusion of Agricultural Innovations in in in Trans Ganga plain. Perspectives in Agricultural Geography, concept publishing company, New Delhi Vol. 5 Pp. 305-57.
8. Noor Mohammad (1992) : Anthropogenic correlates and determinants of Agricultural productivity, New dimensions in Agricultural Geography, Vol. 8, Concept's international series in Geography, No. 4. Pp. 139-184.
9. Parker Rick (2000) Introduction to plant science, Denmark Publisher, . International Thomson, editora, Pp. 527, 533.
10. Pawar C.T.(1988) : Problems in Irrigated Farming in India, Readings In Irrigated Farming in India, Editado pelo Dr. S.D. Shinde, P. 23.
11. Shinde Jagannath (2000) : Drakshanchi Rootstock Var Lagavad, Godawari Publication (Marathi) Nashik, Pp. 2,6-9-, 25, 28,37, & J2 - 64.

12. Shinde Jagannath (2000): Drakashanchi Rootstock Var Lagavad, Godawari Publication (Marathi) Nashik, Pp. 2.
13. Simons L. (1967) : Agricultural Geo. Londres G Bell, Pp. 70-74.
14. Sing G. (1983): Economia do cultivo de uvas em Punjab Progressive Horticulture, Pp. 6,7,32,37.
15. Singh (1974): Atlas Agrícola da Índia: A Geographical Analysis, Kurukshetra, Vishal Publication, Pp. 67.
16. Singh e Dhillon (1987): Geografia Agrícola Tata Megraw Hill, Publishing co. Ltd. Nova Deli, Pp. 110, 126, 134, 155, 158, 160.
17. Singh Jasbir (1974) An Agricultural Atlas of India : A Geographical Analysis, Vishal Publication, Kurukshetra, P. 45
18. Singh Ranjit (1969) : Fruits, Anmol Publications, Pvt. Ltd. Nova Deli.
19. Singh Sham, Krishnaruti, S. & Kathyal, S. (1967) Fruit Culture in India, India, council of Agricultural Research, New Delhi, Pp. 183, 188.
20. Singh, Amar (1990) : Fruit Physiology and production, Kalyani Publisher, New Delhi, Pp. 14-15.
21. Singh, J. & Dhillon, S.S. (1984): Agricultural Geo. Tata Megraw, Delhi, Pp. 76, 100, 247.

Capítulo 2: PERFIL DA ÁREA DE ESTUDO

2.1. Introdução

A agricultura é, de certa forma, o resultado dos esforços humanos aplicados na exploração dos recursos da terra com vista à satisfação de uma das necessidades básicas do homem, a alimentação. Em termos gerais, a agricultura e o seu desenvolvimento são largamente determinados por factores do ambiente físico e socioeconómico, como o relevo, o clima, a drenagem, os solos, a irrigação, a população, os transportes e as comunicações, etc. Estes factores não só influenciam a agricultura de muitas maneiras, como também determinam a extensão do risco e o desenvolvimento global da agricultura. Vários aspectos dos sistemas agrícolas são igualmente influenciados pelos factores socioeconómicos. Todos os factores físicos e socioeconómicos trabalham em conjunto e produzem resultados ou impacto no crescimento global da agricultura. No presente capítulo, foi feita uma tentativa de apresentar uma descrição física e socioeconómica da área de estudo com referência à utilização das terras agrícolas.

2.2. Antecedentes históricos

Historicamente, Solapur é uma cidade importante. Acredita-se que Solapur deriva de duas palavras: "sola" significa dezasseis e "pur" significa aldeias. A atual cidade de Solapur está distribuída por dezasseis aldeias, a saber, Adilpur, Ahamedpur, Chapaldev, Fethepur, Jamadarwadi, Kalanjapur, Khandarpur, Khanderavkiwadi, Ranapur, Sandalapur, Shaikhpur, Muhammadpur, Solapur, Sonalgi, Sonapur e Vaidkawadi. A área que atualmente constitui o distrito de Solapur fazia anteriormente parte dos distritos de Ahmednagar, Pune e Satara. O distrito de Solapur é a junção do estado de Maharashtra com o estado de Karnataka. Uma das inspirações encontradas no forte de Solapur mostra que a cidade se chamava "*Sonalapur*", enquanto outra inspiração no poço do forte mostra que era conhecida como *"Sandalapur"*. É muito provável que, com o passar do tempo, o nome de Solapur tenha evoluído, eliminando o "na" do nome de Sonalapur.

No entanto, um trabalho de investigação recente mostra que as inscrições de Shiva yogi Shri Siddheshwar do tempo dos Kalachuristis de Kalyani, que a cidade se chamava `Sonnalage` que veio a ser pronunciado como `Sonnalagi`. Uma inscrição em sânscrito datada de Shake 1238 (Shalivan Calinder), após a queda dos Yadavas, encontrada em Kamati, em Mohol, mostra que a cidade era conhecida como Sonalipur.

Durante o período muçulmano, a cidade era conhecida como Sandalpur. Posteriormente, os governantes britânicos pronunciaram Solapur como Sholapur e daí o nome do distrito.

A importância de Solapur é única na história da Índia, na medida em que este distrito gozou de liberdade mesmo antes da independência. Os cidadãos de Solapur gozaram da independência durante três dias, de 9th a 11th de maio de 1930. A história resumida é a seguinte. Após a prisão de Mahatma Gandhi em maio de 1930, realizaram-se protestos e manifestações contra o domínio britânico em toda a Índia. Também em Solapur se realizaram grandes comícios e protestos. Muitos cidadãos perderam a vida nos tiroteios com a polícia. Devido a este facto, a multidão enfurecida atacou as esquadras de polícia. Por medo, a polícia e outros agentes fugiram de Solapur.

Durante este período, a responsabilidade pela lei, ordem e segurança dos cidadãos recaiu sobre os ombros dos líderes do Partido do Congresso. O então presidente do Congresso da cidade, Shri. Ramkrishna Jaju, com os seus outros congressistas, manteve a lei e a ordem durante três dias, de 9th a 11th de maio de 1930. Em segundo lugar, o Conselho Municipal de Solapur foi o primeiro Conselho Municipal da Índia a hastear a bandeira nacional no edifício do Conselho Municipal (atualmente Corporação Municipal) de Solapur em 1930.

2.3. Localização:

O distrito de Solapur é um dos distritos mais importantes do estado de Maharashtra, tanto em termos de área como de população. Situa-se inteiramente na bacia de Bhima. O distrito de Solapur situa-se entre as latitudes 17^{0} 10' norte e 18^{0} 32' norte e as longitudes 74^{0} 42' leste e 76^{0} 15' leste. O comprimento este-oeste do distrito é de cerca de 200 quilómetros e a largura norte-sul é de cerca de 150 quilómetros. A área geográfica total do distrito de Solapur é de cerca de 14895 quilómetros quadrados, com uma população de 3855383 habitantes, de acordo com o censo de 2001. Na região em estudo, Malshiras é o maior tehsil em área e o mais pequeno é o tehsil de North Solapur. O distrito de Solapur constitui, provisoriamente, 4,84% da área e 4,51% da população do Estado de Maharashtra. Por outras palavras, a região em estudo ocupa o quarto lugar em termos de área e o sétimo em termos de população entre os distritos de Maharashtra. O distrito de Solapur está bem definido a oeste e a leste pelas escarpas dos planaltos de Phaltan e Osmanabad, respetivamente. Os distritos limítrofes são Sangali a sudoeste, Satara a oeste,

Pune a noroeste, Ahamadnagar a noroeste e Osmanabad a norte e nordeste, e o distrito de Bijapur a sul e o distrito de Gulburga a leste do Estado de Karnataka.

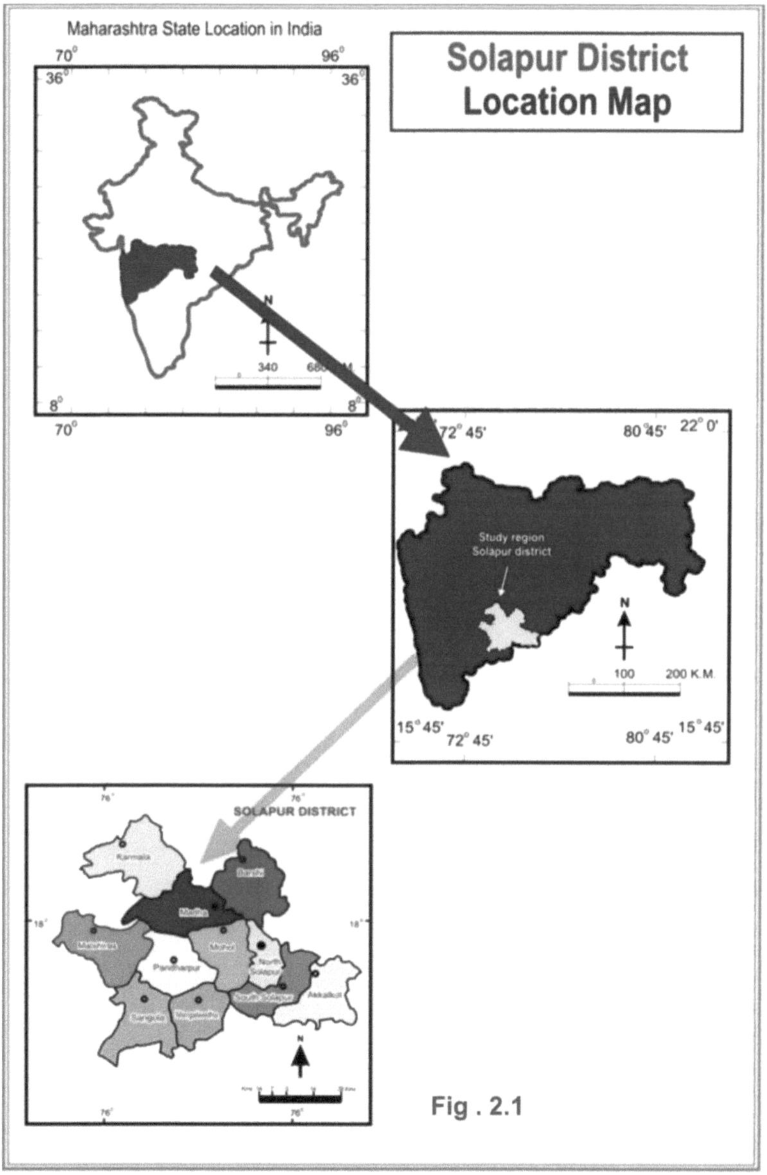
Maharashtra State Location in India
Solapur District
Location Map
70°
96°
36°
8°
N
340
Study region
Solapur district
N
100
200 K.M.
72° 45'
80° 45'
22° 0'
15° 45'
SOLAPUR DISTRICT
N

Fig . 2.1

2.4. Unidades administrativas

O distrito de Solapur tem uma forma irregular. O comprimento médio do distrito de Solapur é de 180 km e estende-se de East Akkalkot taluka a West Malshiras taluka e, grosso modo, a largura quadrada de 100 km estende-se de Sangola taluka no Sul a Karmala taluka no Norte. A área geográfica total do distrito de Solapur é de 14895 quilómetros quadrados e cobre 4,84 % da área do estado de Maharashtra.

Quadro 2.1
Distrito de Solapur : Unidades administrativas

Sr. Não.	Tehsils	Área em Hect.	% do total
1	Karmala	159580	10.73
2	Madha	152600	10.26
3	Barshi	152250	10.23
4	N Solapur	68303	04.59
5	Mohol	131689	08.85
6	Pandharpur	129437	08.70
7	Malshiras	160801	10.80
8	Sangola	159431	10.71
9	Mangalwedha	114159	07.67
10	S Solapur	119463	08.02
11	Akkalkot	140130	09.41
	Distrito	1487843	100

Fonte: Resumo socioeconómico do distrito de Solapur em 2005.

De acordo com a área geográfica, o distrito de Solapur é o distrito com o número 5th no estado de Maharashtra. Esta área está dividida em 1,15% (170,79 km2) de área urbana e 98,85% (14724 km2) de área rural. De acordo com a área, Malshiras taluka é o maior taluka (160801 hectares) e North-Solapur é o tehsil mais pequeno (68303 hectares) do distrito de Solapur.

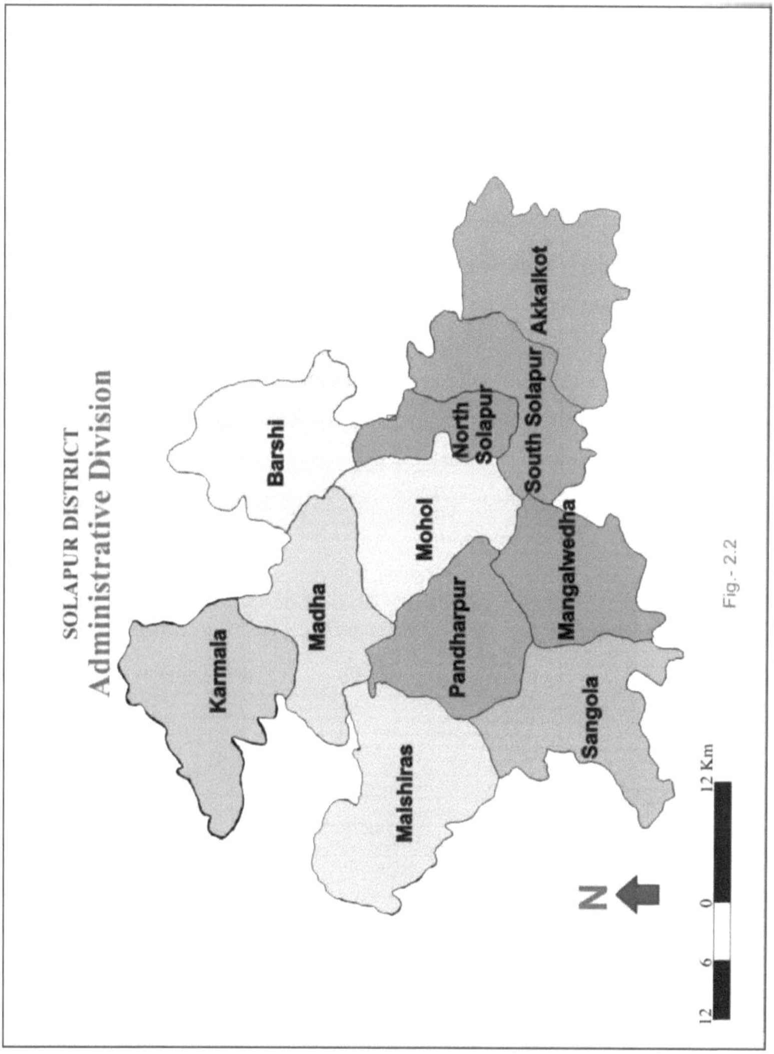
SOLAPUR DISTRICT
Administrative Division
Karmala
Madha
Barshi
Mohol
North Solapur
South Solapur
Akkalkot
Pandharpur
Mangalwedha
Sangola
Malshiras
N
12 6 0 12 Km

Fig. - 2.2

2.5. Estrutura física

A estrutura física afecta o funcionamento da agricultura de muitas formas. Afecta diretamente a utilização das terras, o crescimento e a distribuição das culturas. Influencia o cultivo da terra e a agricultura numa região ao afetar a causa das altitudes, pelo que regiões com altitudes diferentes dão origem a culturas diferentes (Singh, 1974). A região de estudo, no seu conjunto, está monotonamente coberta por fluxos de lava basáltica da armadilha Deccan. Estes fluxos de lava, devido à meteorização, dão origem a uma topografia ondulada. A região é bem definida a oeste e a leste pelas escarpas interiores da cordilheira de Phaltan e do planalto de Osmanabad, respetivamente. Não existem no distrito cadeias montanhosas proeminentes. O distrito no seu conjunto forma uma ampla bacia plana ou ondulante ocupada pelo rio Bhima, que corre a meio na direção sudeste. A região é caracterizada por uma geomorfologia típica de armadilha Deccan. Com base na configuração física, a região está dividida em três grandes divisões de relevo.

Tabela. 2.2:
Distrito de Solapur - Divisões de socorro

N.º Sr.	Divisões de socorro	Área em Sq. Km.	Percentagem da área geográfica total da região
1.	A região montanhosa	540	3.34
2.	A região do planalto	11902	80.00
3.	A região das terras baixas	2479	16.66
Distrito Total		**1487843**	**100.00**

Fonte: *Compilado pelo Investigador.*

1. A região montanhosa:

A região montanhosa, nas partes ocidental e sudoeste, ocupa uma área considerável das cordilheiras Mahadev e Shukracharya, que têm uma altura média de 600 a 900 metros, e esta região inclui também a área de planalto dos tehsils de Malshiras, Sangola, Pandharpur e Mangalwedha do distrito. Na parte nordeste do distrito de Solapur, ao longo da fronteira com o distrito de Osmanabad, existe uma importante cordilheira de Balaghat, particularmente no tehsil de Barshi. A pequena cordilheira de Balaghat, nomeadamente a colina de Ramling, situa-se de noroeste a sudeste de Barshi tehsil, que forma a fronteira entre os distritos de Solapur e Osmanabad, com uma altitude entre 600 e 750 metros. A maior parte dos pequenos rios e riachos, como o Man, o Korda, o Warai, o Bhogawati, o

Nagzeri e o Sina, têm origem nas cordilheiras de Balaghat e Mahadev. Encontram-se também algumas cadeias isoladas nas várias tehsils, nomeadamente na região central

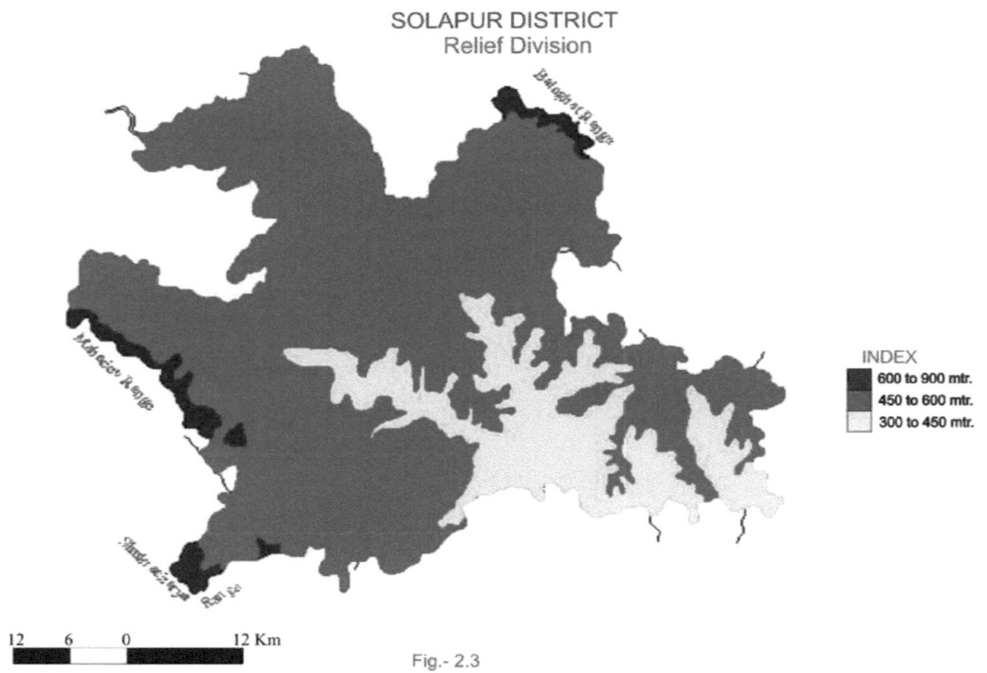
SOLAPUR DISTRICT
Relief Division
INDEX
600 to 900 mtr.
450 to 600 mtr.
300 to 450 mtr.
12 6 0 12 Km

Fig.- 2.3

parte de Karmala e Madha tehsils, localmente estas colinas são conhecidas como Waghoba e Bodaki, respetivamente. Estas regiões montanhosas, como seria de esperar, são muito pobres do ponto de vista agrícola e, por conseguinte, os aglomerados humanos são muito escassos. Estas cadeias de montanhas ocupam cerca de 3,34% da área geográfica do distrito de Solapur. O declive desta região de estudo varia entre $3{,}11^0$ e $5{,}6$ $.^0$

2. A região do planalto:

O planalto cobre uma área de cerca de 11 902 km2 (80 por cento) da área geográfica total da região. A altura média da região do planalto varia entre 450 e 600 metros; esta região também inclui algumas colinas individuais separadas em diferentes partes do planalto. Esta região inclui as áreas de Karmala, Madha, Barshi e Akkalkot na margem esquerda do rio Bhīma e partes dos tehsils de Malshiras, Pandharpur, Sangola e Mangalwedha na margem direita do rio Bhima. A maior parte da região do planalto no distrito de Solapur é drenada pelo rio Bhima e seus afluentes. Os solos da região do planalto são adequados e férteis para a produção de vários tipos de culturas frutícolas.

3. A região das terras baixas:

A região de planície cobre uma área de cerca de 2.479 km2 (16,66%) da área geográfica total da região. A região da planície no distrito de Solapur é ocupada pelo rio Bhima e seus afluentes. A parte central do distrito situa-se na região da planície. A região de planície encontra-se naturalmente ao longo de ambas as margens do rio Bhima e dos seus afluentes, como o rio Sina e o rio Man. Os solos da região da planície são mais férteis devido à deposição de material erodido transportado pelo rio Bhima e seus afluentes. A cidade de Solapur, sede do distrito, situa-se na fronteira entre o planalto e a região da planície. Surpreendentemente, existem poucas colinas e terras altas isoladas na região da planície, que têm uma altura superior a 550 metros acima do nível médio do mar. A altura média da região das planícies varia entre 300 e 450 metros.

2.6. Padrão de drenagem

O padrão de drenagem em qualquer área é muito importante para o estudo das operações agrícolas. Os rios como o Bhima, o Sina, o Man, o Nira, o Bhogawati e muitos outros pequenos afluentes drenam o distrito. Entre eles, o Bhima e o Sina são rios importantes nesta área. Estes dois rios são utilizados para irrigação na zona do distrito de Solapur propensa à seca (Fig. 2.3.).

Rio Bhima:

O rio Bhima drena a parte central do distrito, que inclui a maior parte dos tehsils de Karmala, Madha, Malshiras, Pandharpur, Mangalwedha, Mohol e Solapur. O rio, um dos principais alimentadores do rio Krishna, nasce a 19°4' de latitude norte e 73° 34' de longitude leste perto de Bhimashankar no distrito de Pune e corre para sudeste através dos distritos de Pune, Ahmednagar, Solapur e Bijapur antes de cair no Krishna a cerca de 25 km a norte de Raichur. Entra no distrito perto da aldeia Jinti em Karmala tehsil e corre na direção sudeste, para deixar o distrito e entrar em Bijapur perto da aldeia Hilli em Akkalkot tehsil. O rio tem um comprimento total de 289 km e, dentro dos limites do distrito, um comprimento sinuoso de cerca de 110 km. O rio corre entre margens altas de aluvião e de lavoura, separadas por 200-500 metros. Em certos sítios, é rochoso mas, em regra, o leito é de cascalho ou lamacento. O rio é atravessado por nove barcos, três em Pandharpur, em Kuroli, Pandharpur e Brahmapuri, e seis em Solapur, em Ghodeshvar, Kusur, Bhandar-Kavta, Sadepur, Aunj e Takli. Todo o vale, a 400-600 metros de altitude acima do nível médio das águas do mar, é pontuado por quartzo isolado, mas disperso, com fragmentos de quartzo que são relíquias de algumas formações intra-trappeanas.

Rio Nira:

O Nira, o principal afluente da margem direita do rio Bhima, nasce nos tehsils de Bhor, no distrito de Pune, num dos contrafortes de Sahyadri, coroado pelo forte Torna. Corre para sudeste e leste ao longo das fronteiras dos distritos de Pune e Satara antes de desaguar no rio Bhima. Do seu comprimento total de cerca de 180 km, cerca de 48 km situam-se nas fronteiras dos distritos de Pune e Solapur. Neste troço, o rio Nira corre para nordeste, formando o limite norte dos tehsils de Malshiras e contornando a aldeia de Akluj, cai no rio Bhima perto de Sangam. As margens do rio Nira são íngremes e rochosas e o seu leito é geralmente de cascalho. Tem cerca de 120 metros de largura e alguns pequenos charcos de onde a água é retirada por elevadores ou budkis para regar as culturas hortícolas.

Man River:

O Man, um afluente da margem direita do rio Bhima, nasce na cordilheira de Phaltan, um esporão da cordilheira de Mahadev na subdivisão de Man do distrito de Satara, a oeste de Dahiwadi e atravessa partes orientais do distrito de Satara e flui através de Sangola e Pandharpur tehsils de Solapur antes de se juntar ao Bhima perto de Sarkoli a cerca de 17 km a sudeste de Pandharpur. Do seu comprimento total superior a 160 km, cerca de 80 km situam-se dentro dos limites do distrito. O rio passa pela cidade de Sangola. As margens do rio Man são baixas e cultivadas e o seu leito é de cascalho. O rio é conhecido por subir rapidamente durante as cheias. Os principais afluentes do Man no distrito são Belvan, Khurdu, Sanganga e Vankdi, todos eles sazonais.

Rio Sina:

O rio Sina, um dos grandes afluentes da margem esquerda do Bhima, nasce a 22 km a oeste de Torna, no distrito de Ahmednagar, e corre para sudeste através de Ahmednagar, entrando no distrito de Solapur perto da aldeia de Aljapur, em Karmala tehsils, e caindo no Bhima perto de Kudal, a cerca de 25 km a sul de Solapur, na fronteira entre Maharashtra e Karnataka. Tem um curso de 180 km no distrito de Solapur. Cerca de 7 km a norte de Mohol, o rio recebe o rio Bhogawati na sua margem esquerda. Outro pequeno afluente na margem esquerda é o rio Gorda, que se junta ao Sina a leste de Madha. O rio Sina tem cerca de 100-200 metros de largura e margens íngremes. O leito é geralmente arenoso, mas ocasionalmente rochoso. Enquanto a montante de Mohol, o rio corre através de um vale estreito, a jusante abre-se amplamente para se fundir no amplo vale de Bhima. Cinco ferries, um em Madha, em Kolgaon, e quatro em Solapur, em Lamboti, Tirhe, Vaddukbal e Vangi, atravessam o Sina.

***Rio Bhogawati**:*

O Bhogawati é um grande afluente do Sina que nasce nas escarpas viradas a sul das colinas Ramling da cordilheira de Balaghat, na parte nordeste dos tehsils de Barshi e, após um curso para sudoeste de cerca de 65 km através de Barshi e Madha, cai no rio Sina, cerca de 7 km a norte de Mohol. Tem cerca de 30 metros de largura e uma corrente esguia durante as águas baixas. Os seus principais cursos de água são o Bodki, o Nagsari e o Sira, que nascem nas colinas de Balaghat e correm para sudeste. Todos estes cursos de água de alimentação mantêm o ribeiro a correr praticamente durante todo o ano.

***Rio Bhend**:*

O Bhend é um pequeno afluente do rio Sina na sua margem direita e nasce perto de Kem em Karmala e cai no Sina, um pouco a norte da aldeia de Undargaon.

***Rio Bori**:*

O rio Bori, um pequeno afluente da margem esquerda do Bhima, nasce nas escarpas viradas a sul do planalto de Osmanabad perto de Tuljapur e corre para sul, drenando para sul na parte oriental do tehsil de Akkalkot. O Harni é o seu afluente. Tem um caudal de 50 km através do distrito.

Tanques:

Existem 40 depressões de tanques no distrito, algumas das quais são utilizadas para irrigação de terras agrícolas. A maior parte delas situa-se nos tehsils de Barshi e Sangola, nas encostas do sopé, no limite inferior da escarpa. Entre elas, as maiores e mais significativas são o tanque Ekruk em North-Solapur, o tanque Budhyal em Sangola tehsil e o tanque Asti em Mohol tehsil.

SOLAPUR DISTRICT

Drainage Pattern

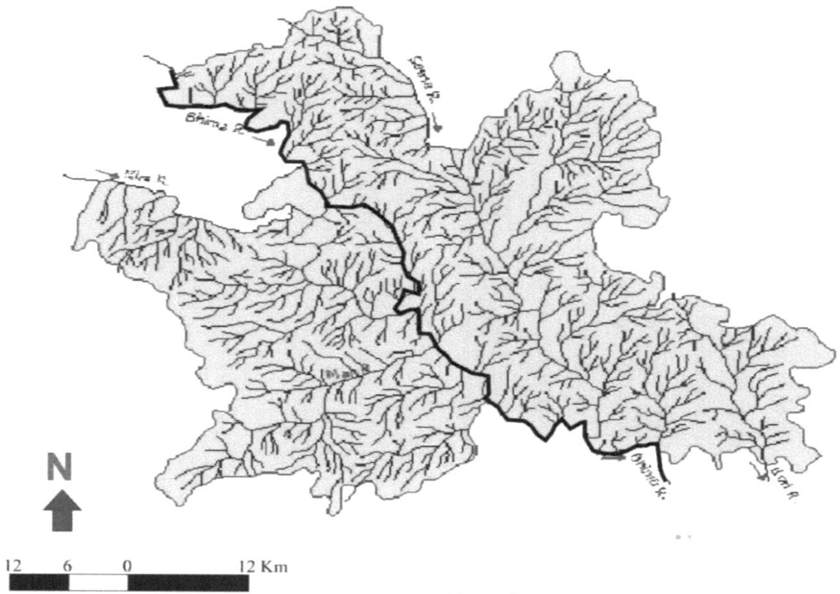

Fig.- 2.4

2.7. Solos:

Qualquer estudo da atividade agrícola deve ter como referência os solos. Os solos, que são as camadas finas superiores não consolidadas da superfície terrestre, resultam de vários processos de meteorização, relevo, materiais de base, organismos e tempo. O solo é um meio de crescimento das plantas. A agricultura depende em grande medida do solo. O tamanho das partículas do solo determina a textura do solo e a disposição das partículas do solo refere-se à estrutura do solo. A aptidão das culturas depende em grande medida destas caraterísticas físicas do solo. As caraterísticas físicas estão relacionadas com a estrutura, a textura, as cores do solo e a temperatura do solo. As caraterísticas químicas são também de grande importância e a fertilidade do solo depende, em grande medida, da sua estrutura química. A combinação das caraterísticas físicas, químicas e biológicas do solo determina o nível da agricultura e a qualidade das culturas nele efectuadas. O solo do distrito de Solapur é principalmente de origem vulcânica do Deccan Trap. O solo do distrito pode ser classificado em três categorias principais com base na profundidade e na estrutura do solo.

Quadro 2.3
Distrito de Solapur - Tipos de solos

Sr. Não.	Categoria do solo	Área em percentagem	Profundidade em cm
1	Solos rasos	43.05%,	< 23.50
2	Solos médios	33.99%	23.50 - 45.00
3	Solos profundos	22.96%	> 45.00

Fonte: *- Kashid P.B. Agriculture land use in Solapur district, Geographical Analysis.*

Estima-se que, do total da área cultivada, os solos rasos ocupam cerca de 43,05%, os solos médios 33,99% e os solos profundos 22,96% do distrito.

1. Solos rasos (Profundidade inferior a 23,50 cm.)

Os solos rasos ocorrem na parte sul de Malshiras tehsil, Sangola e na parte central de Madha e Karmala tehsils. Os solos rasos são conhecidos como solos leves e localmente conhecidos como Malran. A profundidade deste tipo de solo é de até 23,5 cm. Os solos são de carácter misto, variando de castanho claro a avermelhado e não retêm a humidade. Os solos rasos são de carácter alcalino e o valor de PH varia de 7,9 a 8,6 com os sais solúveis a menos de 0,3 a 0,39 por cento. O teor de carbonato de cálcio varia de

2,8 a 20 por cento. O teor de azoto é de cerca de 0,04 por cento, enquanto a matéria orgânica varia entre 0,32 e 0,90 por cento (Tabela. No.2.3).

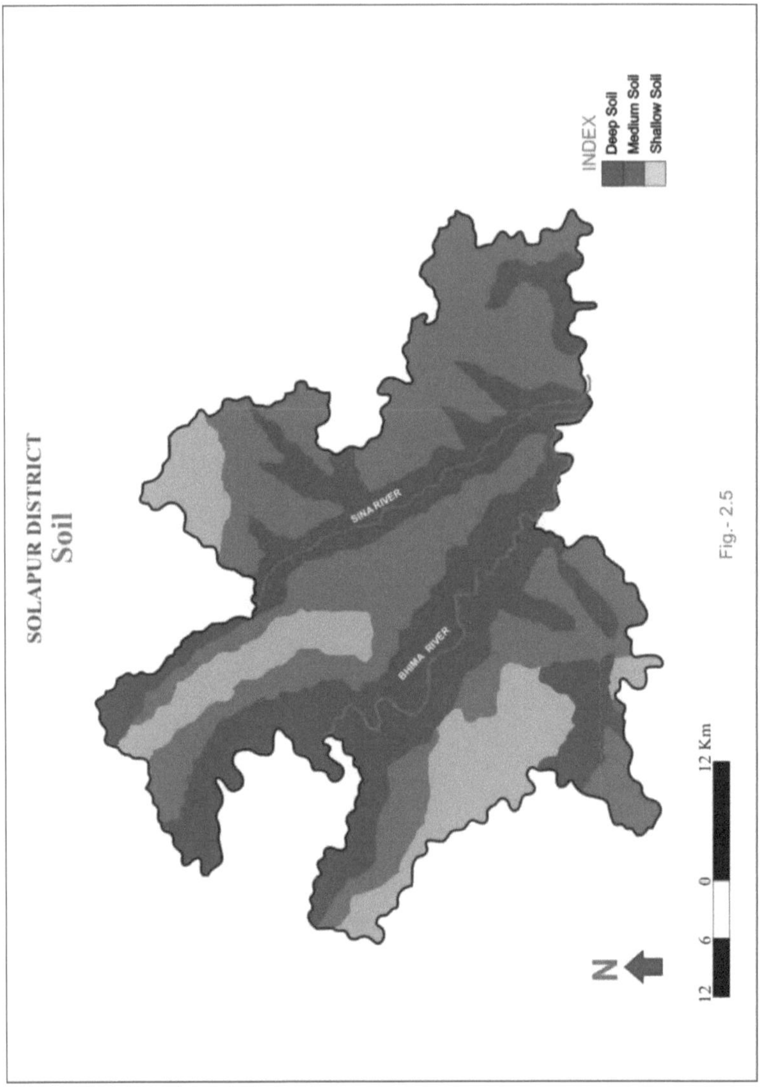
SOLAPUR DISTRICT
Soil
SINA RIVER
BHIMA RIVER
INDEX
Deep Soil
Medium Soil
Shallow Soil
12 6 0 12 Km
N

Fig.- 2.5

2. Solos médios (Profundidade 23,50 a 45 cm.)

O solo de profundidade média é comparativamente muito difundido **na** região. A profundidade deste solo varia de 23,5 a 45 cm. Os solos de profundidade média são de cor castanha escura a preta. A textura deste solo varia entre franco salgado e franco argiloso. O valor do pH varia de 7,2 a 8,3, com sais solúveis de 0,2 a 0,51 por cento. O teor de carbonato de cálcio e de matéria orgânica varia entre 3,0 e 20,0 por cento e 0,46 e 1,10 por cento, respetivamente. O teor de nitrogénio varia de 0,04 a 0,05 por cento e o de fosfato de 8,20 a 12,30 mgm. por cento. Estes tipos de solo ocorrem na parte central da região e na parte oriental dos tehsil de Barshi, Mangalwedha e Akkalkot da região (Fig. No. 2.5).

3. Solos profundos (profundidade superior a 45 cm.)

Os solos profundos ocorrem ao longo da margem do rio Bhima e dos seus afluentes em Malshiras, Karmala, Pandharpur, South-Solapur, Barshi, Mohol e Akkalkot tehsil da região. A cor muda de castanho-acinzentado escuro para preto escuro. Estes solos são de textura argilosa e de carácter alcalino. O valor do pH varia entre 8,5 e 8,9, com sais solúveis entre 0,4 e 2,0 por cento. O teor de carbonato de cálcio e de matéria orgânica varia entre 6,7 e 15,8 por cento e 1,10 e 1,34 por cento, respetivamente. O teor de azoto varia entre 0,04 e 0,06 por cento e o de fosfato entre 16,05 e 43,07 mgm. por cento. Estes solos são férteis e, por isso, dão melhores rendimentos.

2.8. Clima

O clima consiste na temperatura, precipitação, humidade, luz solar, nevoeiro, neblina, neve, granizo, ventos e pressão atmosférica. O clima do distrito de Solapur é, em geral, agradável e caracteriza-se por uma secura geral, exceto durante a estação das monções. A estação fria, de dezembro a meados de fevereiro, seguida da estação estival, que se prolonga até ao final de maio, da estação das monções do sudoeste, de junho a setembro, e da estação pós-monção ou estação das monções em retirada, em outubro e novembro.

2.8. A. Precipitação

A precipitação, como parâmetro ecológico primário, criou uma variedade de tipos de empresas agrícolas ou sistemas de agricultura. Também se torna um perigo climático para a agricultura quando se caracteriza por escassez, concentração, intensidade, variabilidade e falta de fiabilidade. O distrito de Solapur está situado na zona de Maharashtra propensa à seca. A precipitação no distrito de Solapur é muito baixa e irregular. A distribuição da precipitação no distrito de Solapur é caracterizada por três tipos de regiões pluviométricas.

a. Região de elevada pluviosidade [mais de 600 mm]

b. Região de precipitação média [entre 500 -600 mm]

c. Região de baixa pluviosidade [menos de 500 mm]

Quadro 2.4
Distrito de Solapur: Precipitação média anual e alterações

Sr. Não.	Tehsils	Precipitação em mm		
		1971	2005	Alterar
1	Karmala	697	571	-126
2	Madha	612	631	+19
3	Barshi	933	757	-176
4	N Solapur	786	697	-89
5	Mohol	738	538	-200
6	Pandharpur	429	520	+91
7	Malshiras	469	324	-145
8	Sangola	372	370	-02
9	Mangalwedha	724	656	-68
10	S Solapur	786	698	-88
11	Akkalkot	931	676	-255
	Distrito	732	585	-147

Fonte: Resumo socioeconómico do distrito de Solapur 1971 e 2005

A distribuição espacial do distrito de Solapur em 2004-05 é a seguinte.

a. Região de precipitação elevada [mais de 600 mm] :

O taluka com a precipitação mais elevada no distrito de Solapur é Barshi e neste tehsil choveram 757 mm em 2005. As regiões de Solapur Norte, Solapur Sul, Mangalwedha, Akkalkot e Madha são consideradas nesta faixa de precipitação, estando situadas na parte nordeste do distrito de Solapur.

b. Região de pluviosidade média [pluviosidade entre 500-600 mm]:

A região de precipitação média é delimitada entre 500 mm e 600 mm de precipitação. Nesta faixa de precipitação estão incluídos os tehsil de Karamala, Pandharpur e Mohol. Esta zona está situada na parte central e noroeste do distrito de Solapur. Mas esta zona é mais irrigada por canais e rios.

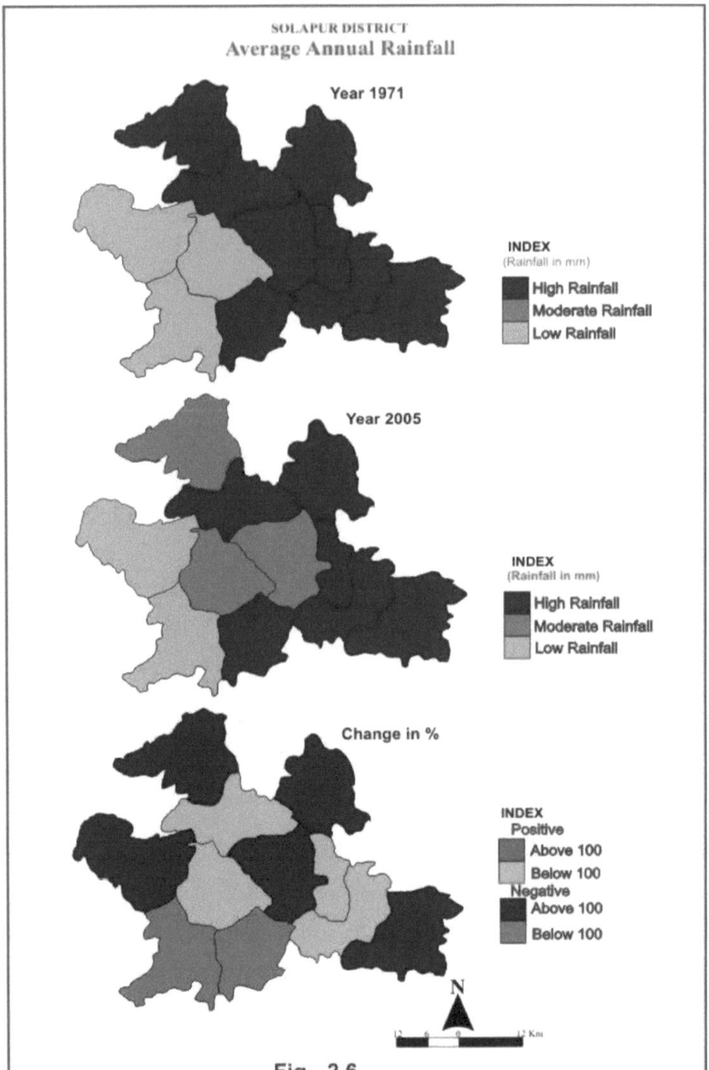
SOLAPUR DISTRICT
Average Annual Rainfall
Year 1971
INDEX
(Rainfall in mm)
High Rainfall
Moderate Rainfall
Low Rainfall
Year 2005
INDEX
(Rainfall in mm)
High Rainfall
Moderate Rainfall
Low Rainfall
Change in %
INDEX
Positive
Above 100
Below 100
Negative
Above 100
Below 100
N
Km

Fig.- 2.6

c. Região de baixa pluviosidade [pluviosidade inferior a 500 mm] :

A precipitação inferior a 500 mm situa-se na região de baixa pluviosidade. O taluka de Malshiras é o tehsil com menor precipitação no distrito de Solapur. Neste tehsil, registaram-se 324 mm de precipitação. Mas neste tehsil a agricultura está mais desenvolvida graças à irrigação da barragem de Vir e Bhatgar, ao canal direito de Nira e à água disponível do rio Bhima e dos seus afluentes. O tehsil de Sangola é também um tehsil de baixa pluviosidade, onde se registam 370 mm de precipitação. Neste tehsil, a cultura da romã é mais desenvolvida através da irrigação por gotejamento.

As alterações temporais registadas entre 1970 e 2005 são também apresentadas no quadro 2.4. O quadro mostra que a precipitação de 147 mm diminuiu durante o período de inquérito. A maior diminuição foi observada no tehsil de Akkalkot (255 mm) e a menor no tehsil de Sangola (2 mm). A precipitação média aumentou apenas em Pandharpur (91 mm) e no tehsil de Madha (19 mm).

2.8.B. Temperatura

A temperatura é um fator muito importante do clima. O distrito de Solapur está situado numa zona propensa à seca e numa região tropical quente. Por conseguinte, a temperatura do distrito é quente e elevada. O tempo frio começa no final de novembro, quando a temperatura começa a diminuir rapidamente.

Quadro 2.5

Distrito de Solapur: Temperatura média anual mínima e máxima

N.º Sr.	**Meses**	**1971**		**2005**	
		Temp. máxima média diária C°	**Temp. mínima diária média C°**	**Temp. máxima média diária C°**	**Temp. mínima diária média C°**
1	Jan	31.2	16.5	30.4	15.3
2	Fev	34.6	18.7	33.2	17.1
3	março	37.9	22.0	36.8	20.8
4	abril	39.9	24.8	39.3	24.2
5	maio	40.1	25.6	39.9	25.1
6	junho	34.3	23.5	34.7	23.3
7	julho	32.7	22.3	31.3	22.3
8	agosto	29.9	22.3	31.2	21.8
9	setembro	30.9	21.0	31.1	21.6
10	outubro	33.1	20.5	32.1	20.4
11	Nov	31.2	16.1	30.4	17.2
12	Dez	29.9	12.3	29.9	14.8

Média do distrito	**33.8**	**20.5**	**33.3**	**20.3**

Fonte: Resumo socioeconómico do distrito de Solapur 1971 e 2005

dezembro é o mês mais frio, com a temperatura máxima diária a rondar os 29,9°c e a temperatura mínima diária média a rondar os 14,8°c. O calor durante

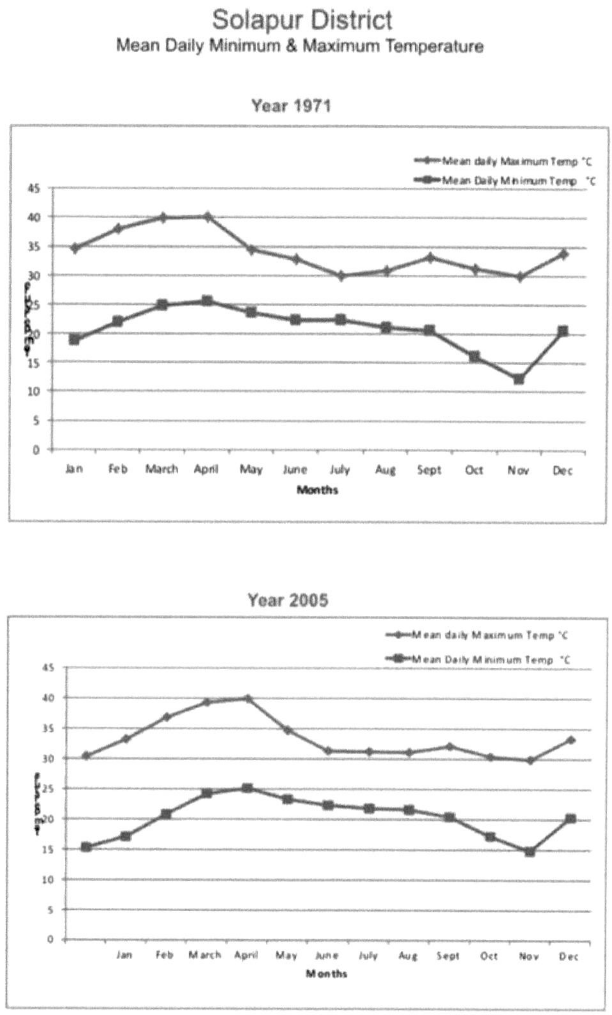
Solapur District
Mean Daily Minimum & Maximum Temperature
Year 1971
Mean daily Maximum Temp °C
Mean Daily Minimum Temp °C
45
40
35
30
25
20
15
10
5
0
Jan
Feb
March
April
May
June
July
Aug
Sept
Oct
Nov
Dec
Months
Year 2005
Mean daily Maximum Temp °C
Mean Daily Minimum Temp °C
45
40
35
30
25
20
15
10
5
0
Jan
Feb
March
April
May
June
July
Aug
Sept
Oct
Nov
Dec
Months

Fig. 2.7

O verão [abril a maio] é intenso e a temperatura máxima atinge por vezes os 39,9°c. O aguaceiro da tarde, que ocorre durante alguns dias, traz um alívio bem-vindo com o início da monção do sudeste no distrito no início de junho. Com a retirada antecipada da monção, a temperatura desce de forma acessível.

Na estação chuvosa, a temperatura máxima mensal para julho e agosto é de 31°c. No final de setembro, a temperatura volta a aumentar ligeiramente (Quadro nº 2.5). Em outubro ocorre um aumento elevado da temperatura, o que se designa por "calor de outubro", mas a temperatura nocturna diminui constantemente. Na estação fria, a temperatura mínima varia entre 17,1°c e 20,5°c. dezembro e janeiro são os meses mais frios do ano com temperaturas mínimas de 14,8 °c e 15,3 °c.

2.9 Vegetação natural

Todas as plantas, que crescem juntas numa área qualquer da sua vegetação. A vegetação de qualquer região é composta por um conjunto de plantas pertencentes a poucas ou muitas espécies diferentes. A vegetação natural é normalmente utilizada para descrever o crescimento natural das plantas em relação ao crescimento das plantas cultivadas. A vegetação natural é composta por três divisões: floresta, pradaria e deserto. Na região em estudo, a cobertura florestal é muito pobre. A floresta do distrito de Solapur ocupa 357,9 quilómetros quadrados, dos quais 345 quilómetros quadrados. A área florestal e 12 km2 são florestas não classificadas. Por outras palavras, 157 km2 estão sob a alçada do departamento de receitas, 188 km2 sob a alçada do departamento florestal e uma média de 12 km2 de floresta não classificada reservada e não reclamada. Surpreendentemente, estas florestas pobres dispersas constituem apenas 0,94% das áreas totais do distrito. No passado, as florestas eram comparativamente densas, com predomínio de florestas de freixo nas colinas e com crescimento de babhul e neem, mais baixas nas planícies. No entanto, atualmente, a maior parte destas florestas desapareceu, restando hoje em dia árvores e arbustos pobres, raquíticos e malformados, em manchas dispersas. Antes da independência do nosso país, as zonas florestais estavam sob a administração da divisão florestal do distrito de Solapur. Mas devido à pressão crescente da população, algumas terras florestais foram convertidas em terras agrícolas e outras foram desnudadas de vegetação e solo.

Atualmente, as florestas são observadas principalmente em manchas nos tehsils de Malshiras, Sangola e Barshi, nas encostas das colinas e nas zonas baixas. A população local consome a maior parte dos produtos florestais do distrito. De facto, os produtos florestais não satisfazem a procura total e as necessidades têm de ser importadas de outros locais de Maharashtra e da Índia. As principais zonas de recolha de produtos florestais no distrito são Barshi e Solapur.

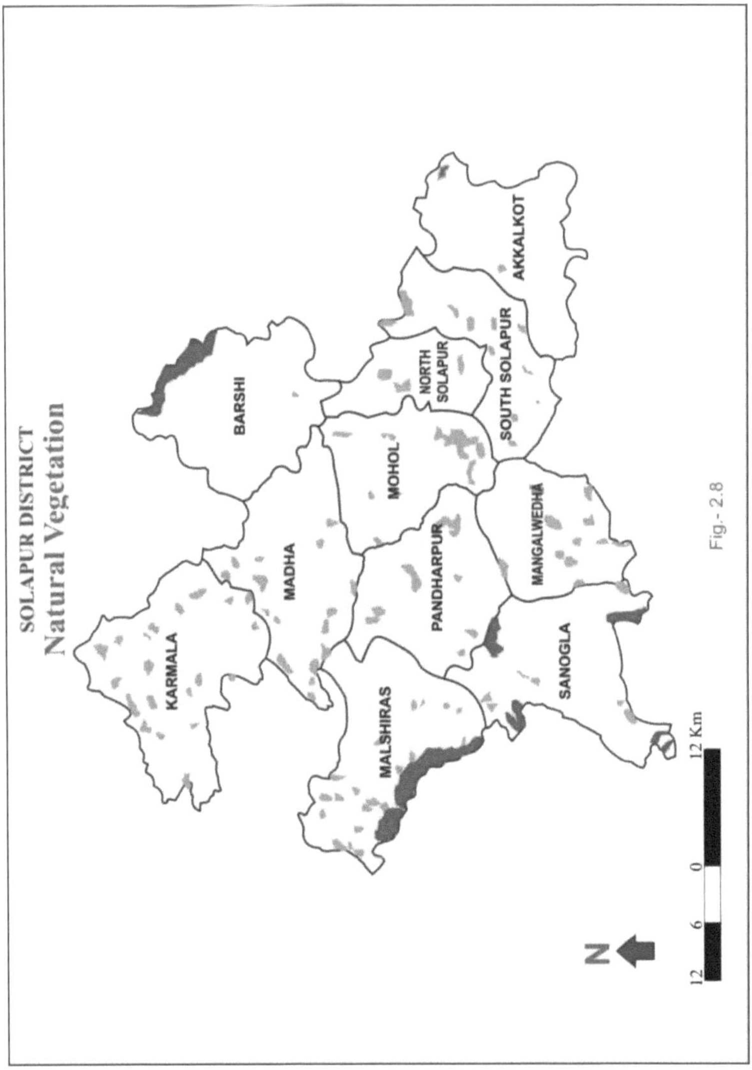
SOLAPUR DISTRICT
Natural Vegetation
KARMALA
MADHA
BARSHI
MOHOL
NORTH SOLAPUR
SOUTH SOLAPUR
AKKALKOT
MALSHIRAS
PANDHARPUR
MANGALWEDHA
SANOGLA
N
12 6 0 12 Km
Fig.- 2.8

2.10. Transportes e comunicações:

Os transportes e as comunicações desempenham um papel significativo e fulcral no desenvolvimento da agricultura moderna. O desenvolvimento global da região depende dos meios de transporte disponíveis na região. A dimensão da expansão da agricultura aumentou devido à utilização de novos factores de produção e ao seu transporte. Todos sabemos que a disponibilidade de meios de transporte e de comunicação pode certamente desenvolver a indústria, o comércio e as trocas comerciais. Por outras palavras, diz-se que todo e qualquer investimento na economia, e o seu sucesso ou fracasso, depende em certa medida do sector dos transportes. Os transportes desempenham um papel importante no crescimento e na distribuição das povoações rurais e urbanas, bem como no desenvolvimento da economia e na interação rural-urbana. Os modos de transporte na região de estudo são principalmente as estradas e os caminhos-de-ferro.

2.10.A. Estradas:

A estrada é um meio de transporte importante para o desenvolvimento social e económico de uma determinada região. Ao contrário dos caminhos-de-ferro, as estradas oferecem serviços porta-a-porta. Em termos de transportes rodoviários, o distrito de Solapur está em melhor situação, uma vez que tem uma extensão total de 14.108 km, dos quais 188 km (1,33%) pertencem à autoestrada nacional, 173 km (2,35%) à autoestrada nacional principal e 1332 km (9,44%) à autoestrada nacional. (9,44%) de autoestrada estatal. Para além disso, as estradas distritais principais têm uma extensão de 3039 (21,54%) km, enquanto outras estradas distritais ocupam 2138 km (15,12%). As estradas das aldeias têm, comparativamente, um comprimento considerável em quilómetros e compreendem 7238 km (51,29%) de comprimento no distrito, ligando todas as aldeias do distrito.

Quadro 2.6
Distrito de Solapur - Comprimento das estradas (2004-05)

Tipos de estrada	Comprimento em km.	Comprimento em percentagem
Autoestrada nacional	188	1.33
Estrada nacional principal	173	2.35
Autoestrada estatal	1332	9.44

Estradas principais do distrito	3039	21.54
Estradas do distrito	2138	15.14
Estradas da aldeia	7238	51.29
Comprimento total	14108	100.00

Fonte: *Compilado pelo autor.*

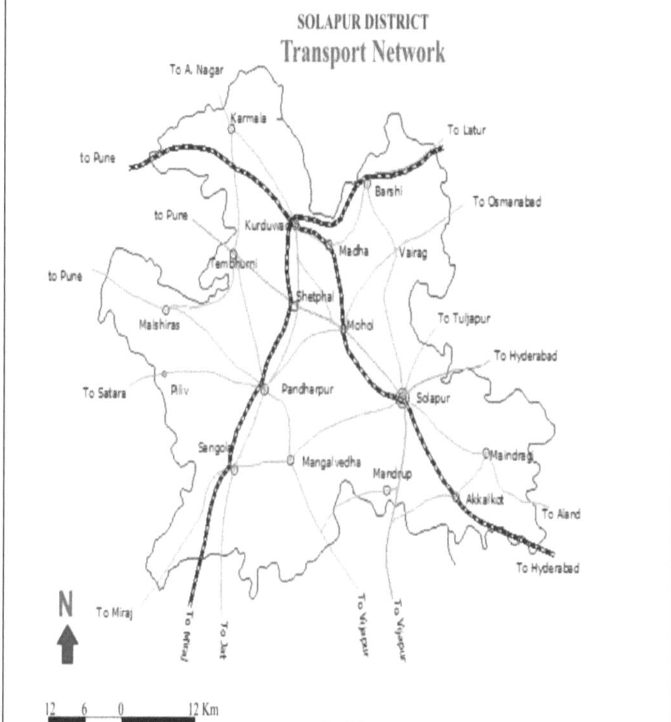

Fig.- 2.9

Por ordem de importância, a tabela em causa revela as estradas de aldeia que representam mais de metade do comprimento total do distrito. Seguem-se as estradas distritais principais, que representam um pouco menos de um quarto do comprimento total do distrito. Seguem-se outras estradas distritais, por ordem de importância, que representam um sexto do comprimento total das estradas distritais (Tabela 2.6).

2.10. B. Caminhos-de-ferro:

Os caminhos-de-ferro desempenham um papel vital no transporte de mercadorias e passageiros. A extensão total da rede ferroviária é de 532 km e é muito reduzida em comparação com outros distritos do estado de Maharashtra. Existem três linhas de caminho de ferro importantes que atravessam o distrito. São elas Mumbai-Chennai, Solapur-Yashvantpur, & Latur-Miraj (Fig.No.2.9). Kurduwdi e Hotgi são os pontos de junção importantes da região de estudo. Solapur, Pandharpur e Sangola são algumas das estações de caminho de ferro situadas dentro dos limites da área de estudo. Exceto Malshiras e Mangalwedha tehsils do distrito, todos os restantes tehsils beneficiam de transporte ferroviário de bitola larga.

2.11. Situação demográfica

2.11.A. Distribuição da população

O recurso humano é a riqueza da nação. O próprio homem é um recurso que é o poderoso fator geográfico na superfície da Terra. O processo de desenvolvimento económico de qualquer região depende da qualidade e da quantidade da população. O homem desempenha um papel duplo nas actividades económicas, como produtor e consumidor. O crescimento, a distribuição e as caraterísticas da população revelam, em certa medida, o poder humano da região e são também responsáveis pelo seu progresso. A atitude do agricultor é também um fator importante que determina a adoção de inovações na agricultura. É por isso que, no desenvolvimento da fruticultura na região de estudo, a mão de obra é considerada como um dos elementos mais importantes, porque a fruticultura responde favoravelmente à criação de oportunidades de emprego adicionais para as massas rurais.

Quadro n.º 2.7
Distrito de Solapur - Distribuição da população (2001)

N.º Sr.	Tehsils	População (em milhares de euros)	Percentagem
1	Karmala	233	6.07
2	Madha	292	7.60
3	Barshi	341	8.85
4	Norte-Solapur	961	24.96
5	Mohol	252	6.56
6	Pandharpur	403	10.46
7	Malshiras	423	10.97
8	Sangola	273	7.06
9	Mangalwedha	170	4.45
10	Sul-Solapur	211	5.48
11	Akkalkot	290	7.54
Total		3849	100

Fonte: *- Livro de registo do recenseamento distrital, distrito de Solapur - 2001.*

O quadro 2.7 mostra que a população total desta região era de 3849000 em 2001. A população mais elevada regista-se no tehsil de North Solapur, com 24,96%, e a população mais baixa regista-se no tehsil de Mangalwedha, com 4,45%. De acordo com o recente recenseamento de 2011, a população total de Solapur está registada em 43 16 000 habitantes, dos quais 22 34 000 são homens e 20 82 000 são mulheres.

2.11.B. Crescimento da população

O crescimento da população de uma área é determinado por três factores básicos: nascimentos, mortes e migração. A diferença entre os nascimentos e os óbitos é designada por aumento natural da população e, tendo em conta os nascimentos, os óbitos e a migração (migração interna ou externa), designa-se por crescimento total da população. Para efeitos da análise, é considerado o crescimento total da população.

Quadro n.º 2.8

Distrito de Solapur - Crescimento da população

Sr.	Tehsils	População (000)					
		1971	%	2005	%	Alterar	%
1	Karmala	151	6.70	233	6.07	+ 82	- 0.63
2	Madha	193	8.56	292	7.60	+ 99	-0.96
3	Barshi	263	11.67	341	8.85	+ 78	-2.82
4	N Solapur	487	21.60	961	24.96	+ 474	+3.36
5	Mohol	142	6.30	252	6.56	+ 110	+0.26
6	Pandharpur	108	4.80	403	10.46	+ 295	+5.66
7	Malshiras	226	10.02	423	10.97	+ 197	+0.95
8	Sangola	156	6.92	273	7.06	+ 117	+0.14
9	Mangalwedha	108	4.79	170	4.45	+ 62	-0.34
10	S Solapur	133	5.90	211	5.48	+78	-0.42
11	Akkalkot	207	9.18	290	7.54	+83	-1.46
	Distrito	2254	100	3849	100	+ 1595	-

Fonte: - Livro de registo do recenseamento distrital, distrito de Solapur - 1971 e 2005.

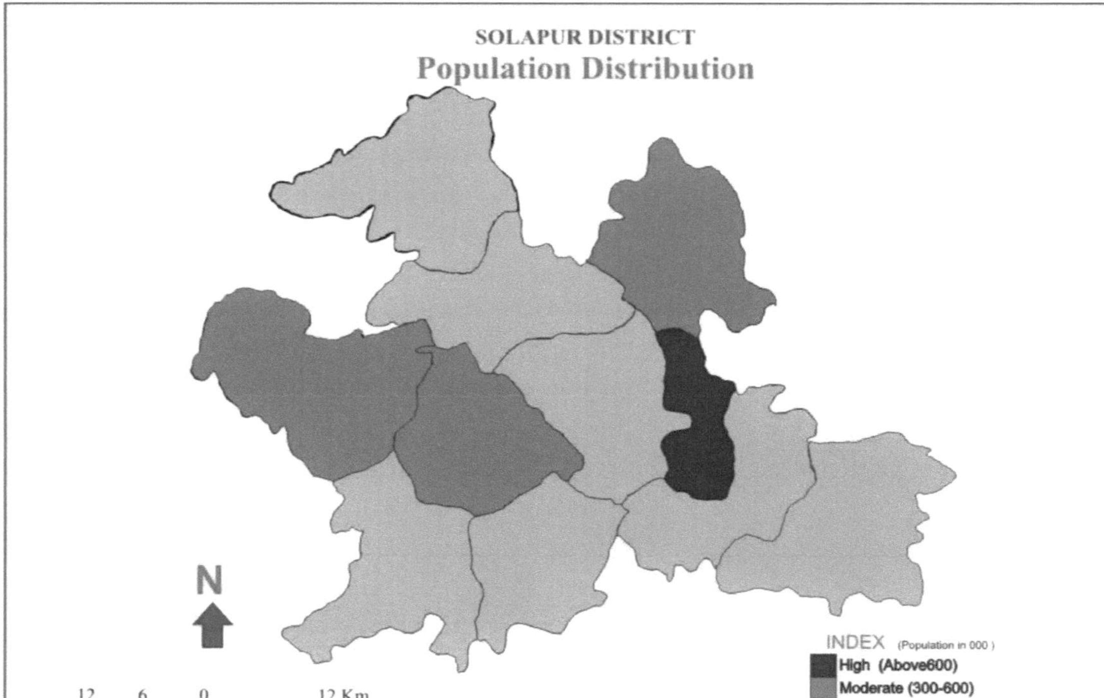
SOLAPUR DISTRICT
Population Distribution
N
12 6 0 12 Km
INDEX (Population in 000)
High (Above600)
Moderate (300-600)
Low (Below 300)

Fig.- 2.10

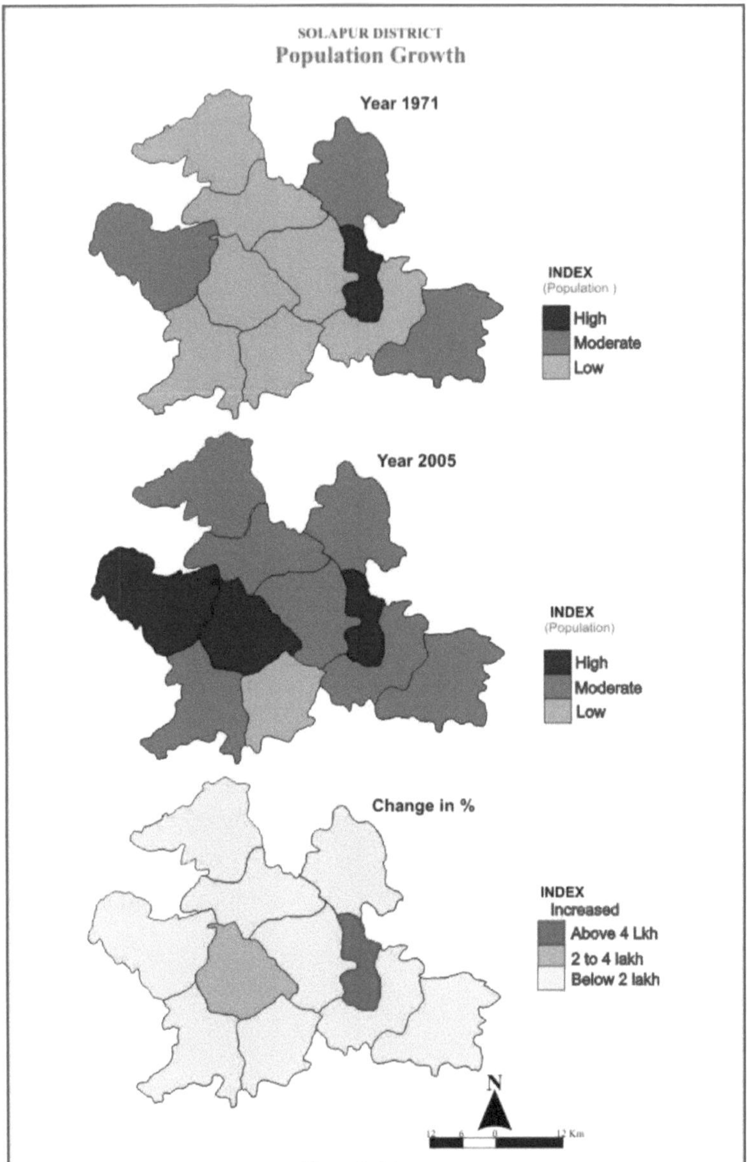
SOLAPUR DISTRICT
Population Growth
Year 1971
INDEX
(Population)
High
Moderate
Low
Year 2005
INDEX
(Population)
High
Moderate
Low
Change in %
INDEX
Increased
Above 4 Lkh
2 to 4 lakh
Below 2 lakh
N
Km

Fig.- 2.11

A população do distrito de Solapur representa 3,30 por cento da população do estado de Maharashtra. A população aumentou de 1971 a 2005. Em 2004-2005, a população era de cerca de 3849000. O quadro 2.7 mostra a população do distrito entre 1971 e 2005.

Em 2005, o crescimento da população e da população total em North Solapur, Pandharpur e Malshiras taluka foi muito elevado (acima de 4 lakh de população). A cidade de Solapur está incluída no taluka de Solapur do Norte. O distrito de Solapur oferece mais oportunidades de emprego e a rede de transportes, como a rede rodoviária e ferroviária, está mais desenvolvida. Por isso, o crescimento e a população total de Solapur são maiores. A população moderada (2 lakh a 4 lakh) foi observada em Karamala, Madha, Barshi, South Solapur, Akkalkot, Sangola e Mohol tehsil. Os dados revelam um crescimento significativo da população nas zonas ocidental e norte do distrito, devido a factores físicos e económicos. Existem boas terras, fertilidade do solo, boa irrigação, crescimento dos produtos agrícolas, fábricas de algodão e de cana-de-açúcar, projectos de moagem e MIDC. A população em Mangalwedha tehsil é muito baixa (menos de 2 lakh).

O quadro mostra igualmente a alteração da percentagem da população na população total durante o período de estudo. Em comparação com os censos de 1971, a percentagem da população de North Solapur taluka em 2005 aumentou mais (mais de 4 lakh), seguida de Pandharpur (2 a 4 lakh). Na parte restante do distrito, o crescimento da população total foi baixo (inferior a 2 lakh).

2.11. C. Densidade populacional

A densidade média da população é expressa em número de pessoas por km2 de área. A distribuição da população urbana e rural na área de estudo é desigual e largamente influenciada pelas condições fisiográficas e socioeconómicas prevalecentes na área. A densidade populacional determina se uma região ou um distrito é densamente ou escassamente povoado.

De acordo com o recenseamento de 2001, a população do distrito de Solapur é de cerca de 38 lakh, distribuídos por uma área de 14895 quilómetros quadrados, com uma densidade global de 272 pessoas por quilómetro. O crescimento da população regista-se sobretudo nas zonas ocidental, oriental e média do distrito. A densidade populacional é muito elevada em North Solapur, com 1287 pessoas por quilómetro, devido ao facto de a cidade de Solapur estar incluída neste tehsil. Esta área está bem desenvolvida; é um distrito com indústrias e uma boa rede de transportes. A elevada densidade populacional também se encontra nos tehsils de Pandharpur (309 pessoas) e Malshiras (278 pessoas), porque Pandharpur é um centro religioso e uma região agrícola desenvolvida. Nesta região, a cultura da cana-de-açúcar está mais desenvolvida. A densidade populacional média encontra-se em tehsil como Sangola, Barshi, Mohol, Akkalkot, South Solapur e Madha talukas. A densidade populacional é de 150-300 pessoas por quilómetro nestes talukas. A densidade populacional é muito baixa nos talukas de Karamala (145 pessoas) e Mangalwedha (149 pessoas) porque estes talukas não estão bem desenvolvidos do ponto de vista agrícola.

Quadro n.º 2.9
Distrito de Solapur - Crescimento da população

Sr	Tehsil	Densidade populacional		
		1971	2005	mudança
1	Karmala	94	146	+55
2	Madha	125	185	+60
3	Barshi	162	224	+62
4	N Solapur	662	1407	+745
5	Mohol	101	192	+91
6	Pandharpur	144	311	+167
7	Malshiras	149	263	+114
8	Sangola	98	175	+77
9	Mangalwedha	95	150	+55
10	S Solapur	112	176	+64
11	Akkalkot	149	207	+58
	Distrito	150	259	+109

Fonte: - Livro de registo do recenseamento distrital, distrito de Solapur - 1971 e 2005.

Um estudo comparativo da alteração da densidade populacional do distrito de Solapur entre 1971 e 2005 revela uma clara alteração da densidade populacional ao nível dos Tehsil. Verifica-se uma grande alteração da densidade populacional nas talukas de North Solapur (+745), Pandharpur (+167), Malshiras (+114) e Sangola (+77). Nestes tehsils, a densidade populacional aumentou devido a factores como a situação económica, as fábricas de algodão, as indústrias, as terras férteis, o bom sistema de irrigação, o desenvolvimento da rede de transportes e do comércio. Consequentemente, as condições económicas dos agricultores são boas nesta região. Assim, a densidade populacional total no distrito de Solapur aumentou 109 pessoas por quilómetro em 35 anos, entre 1971 e 2005.

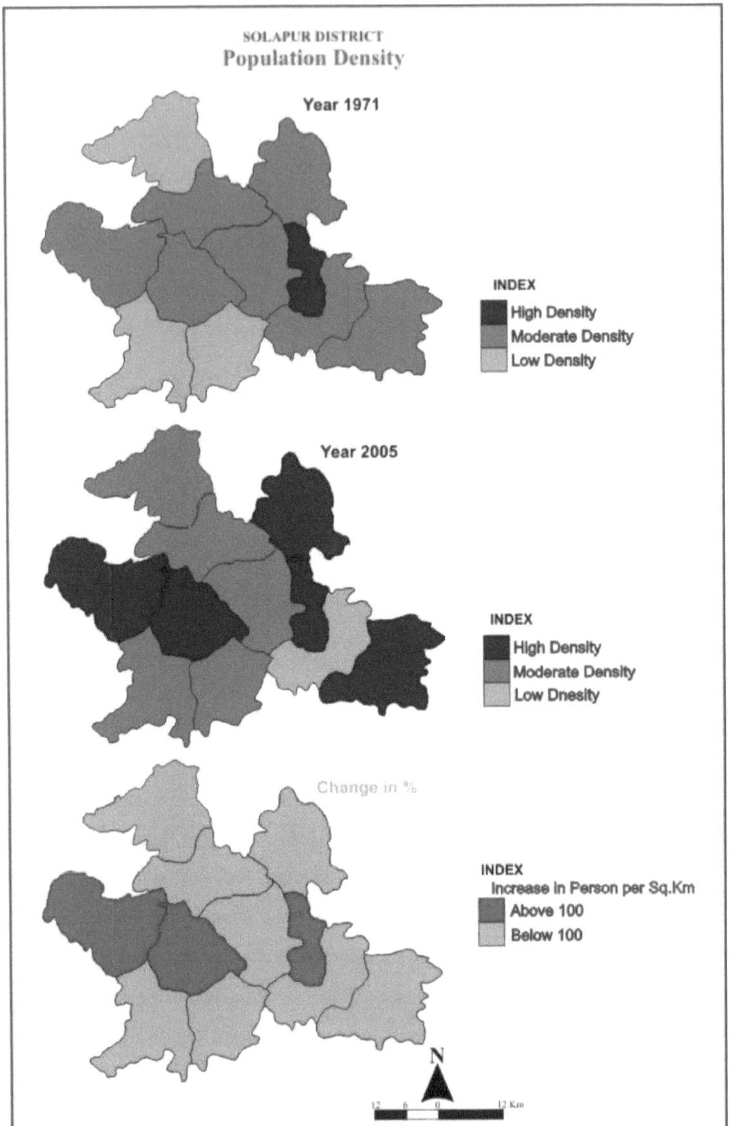
SOLAPUR DISTRICT
Population Density
Year 1971
INDEX
High Density
Moderate Density
Low Density
Year 2005
INDEX
High Density
Moderate Density
Low Dnesity
Change in %
INDEX
Increase in Person per Sq.Km
Above 100
Below 100
N
12 Km

Fig.- 2.12

2.12. Dimensão da propriedade fundiária

A dimensão da exploração agrícola é um dos factores importantes que influenciam as decisões dos agricultores em matéria de trabalho agrícola e determina o seu rendimento agrícola. A exploração das terras é um aspeto importante do estudo da utilização das terras. Com as alterações na dimensão das explorações, o padrão de utilização das terras também se altera e o padrão de utilização das terras fica estagnado logo que as explorações atingem um determinado nível. No distrito de Solapur, a dimensão das explorações agrícolas varia entre 0,5 hectares e mais de 20 hectares. O quadro 2.10 mostra a dimensão das explorações operacionais.

Quadro 2.10

Tamanho da exploração agrícola

N.º Sr.	Tamanho da propriedade (Hectors)	Total de participações							
		Ano 1971			Ano 2005			Alterar	
		Número	%	Área	Número	%	Área	Número	Área
1	Inferior a 0,5	18060	7.40	4400	17416	3.08	25489	-644	+21089
2	0.5- 1.0	17652	7.23	12900	104256	18.43	78738	+ 8660	+65838
3	1.0-2.0	38149	15.63	56500	175693	31.07	261869	+137544	+205369
4	2.0-5.0	78251	32.07	25800	171783	30.38	514506	+93532	+488706
5	5.0 - 10.0	55945	22.93	391400	29936	5.29	206569	-26009	-184831
6	10.0- 20.0	29825	12.22	408300	5608	0.99	78357	-24217	-329943
7	Acima de 20,0	6065	2.48	173600	697	0.12	25633	-5368	-147967
	Total	243947	100	1305000	565389	100	1191161	+321442	-113839

Ref: - Resumo socioeconómico do distrito de Solapur (1970-71 e 2004-05)

Em 1971, o número total de explorações na zona de estudo era de 243947. Destas, 14,63% dos agricultores tinham menos de 1 hectare, 47,70% tinham de 1 a 5 hectare, 22,93% tinham de 5 a 10 hectare, 12,22% tinham de 10 a 20 hectare e 2,48% tinham mais de 20 hectare.

De acordo com 2005, existiam 565389 explorações operacionais de todas as dimensões, representando 1191161 hectares de superfície explorada. Em comparação com 1971, o número de agricultores aumentou em 321442. Assim, as explorações agrícolas registaram mudanças consideráveis desde 1970-71 na região. O quadro 2.10 mostra os pormenores das diferentes dimensões das explorações no distrito de Solapur durante os dois períodos de tempo. Na maior parte da região, as superfícies das explorações de 5 a 10 hectares, 10 a 20 hectares e mais de 20 hectares e os agricultores diminuíram na região de estudo durante o período de estudo.

2.13. Utensílios agrícolas

As alfaias agrícolas desempenham um papel vital no aumento da produtividade da terra. Na irrigação em estudo predominam as alfaias tradicionais. No entanto, nas últimas três décadas e meia, registou-se um aumento substancial das alfaias mecânicas no distrito de Solapur.

Quadro 2.11
Implementos agrícolas

Sr	**Utensílios agrícolas**	1971	2005	Alterar
1	Arados			
	a)Madeira	12300	15037	+2737
	b)Ferro	34471	37180	+2709
2	Carrinhos	48972	35485	-13487
3	Máquinas agrícolas			
	a) Motores a óleo	12136	7464	-4672
	b)Bombas eléctricas	918	52366	+51448
	c)Trituradores de cana-de-açúcar	1314	1781	+467
	d)Tractores	229	3747	+3514

Ref: - Resumo socioeconómico do distrito de Solapur (1970-71 e 2004-05)

O quadro 2.11 mostra a utilização de instrumentos agrícolas em 1971 e 2005. A natureza da agricultura depende do desenvolvimento da agricultura, que é altamente influenciado pela precipitação ou pela situação da irrigação. Em 1971, foram utilizadas 12300 charruas de madeira e 34471 charruas de ferro, mas a quantidade destas charruas está a aumentar em 2005. A utilização de carroças diminuiu (13487 carroças) durante o período de inquérito devido à facilidade e rapidez dos outros meios de transporte disponíveis. Em 1971, os agricultores do distrito de Solapur utilizaram 12136 bombas de ferro, mas estas diminuíram (4672) devido ao aumento do preço dos óleos e ao aumento das facilidades das bombas eléctricas. O quadro mostra claramente que o número de bombas eléctricas (51448 bombas) aumentou durante o período de estudo. A capacidade de trabalho das bombas eléctricas é superior à dos motores a óleo, o que aumentou a área irrigada. A utilização de trituradores de cana-de-açúcar e de tractores aumentou consideravelmente no distrito de Solapur durante o período de estudo.

Para concluir, este capítulo apresentou a introdução, os antecedentes históricos, a localização, a situação e o sítio, as unidades administrativas, a estrutura física, a drenagem, o solo, o clima, a vegetação natural, os transportes e as comunicações, a situação demográfica, a dimensão da propriedade fundiária e as alfaias agrícolas na região de estudo. No capítulo seguinte, são apresentados os padrões de irrigação do distrito de Solapur.

REFRÊNCIAS

1. Agrawal K C [1986] Environmental Biology , Agro Botanical Publisher .pp 2-4
2. Agrawal, K. C. (1986): "Environmental Biology," Agro Botanical Publisher, Pp.2-4.
3. Awate, S. J. e Todkari, G. U. (2011): "Population growth in Solapur District of Maharashtra, A Geographical Analysis", Geoscience Resercch, Bioinfo pub. Vol. 2, Pp. 45-48.
4. Blecker, C.P. "Stages in population growth" Engenics Review, Vol,39 No.3,1947. pp. 88-102
5. Bose, A. "Population growth and the Industrialization. Urbanization Process in India. 1951-61", Men in India, 41,1961, pp.255-275
6. Cald Well, J.C. "Urban growth in Malaya : Trends and implication", population Review, 7,1963, pp,39-50
7. Censo da Índia de 1971, "Tabelas gerais da população" II-A. Maharashtra.
8. Chand M. e Puri [1983]; Regional Planning in India. Allied Publication Limited pp-38-44
9. Chand, M. e Puri J. (1983): "Regional Planning in India," Allied Publication Limited, Pp.38-44.
10. Chandna, R.C. "Growth of rural population in Rohtal and Gurgaon District (Haryana). 1951-61" Pubjab University research Bulletin (Arts) Vol.5 No.l pp. 75-89.
11. Chandna,, R.C. "Population growth of Indias cities. 1901-71" Asian profile, Vol.4 No.l 1976S pp.35-53
12. Chang Jen Hu [1968] ; Climate and Agriculture ; An Ecological Survey .Aldine Publication comp.pp-135-145
13. Chang, Jen. (1968): "Climate and Agriculture: An Ecological Survey," Aldine Publication Company, Pp.135-145.
14. Chen, C, Population growth and Urbanization in China, 1953-1970 Geographical review, 63,1973, pp.55-72
15. Cook, R.C. "Human fertility: The Modern Dilemn" W Sloan Associates New York, 1951.

16. Das M M [1990] ; Agriculture Land use and cropping pattern in Assam Land Utilization and Management in India Editado por B. N. Mishra. N. Mishra. Pp - 120-130.

17. Das, M. M. (1990): "Agriculture Land Use and Cropping Pattern in Assam Land Utilization and Management in India," Editado por N. Mishra, Pp.120-130.

18. Davis, Kingslay, "The world Demographic Transition" The Annals of the American Academy of Political and Social Science, 1945, p.l

19. Dayal, P.% Population growth and rural urban migration in India" National geographical journal of India 5,1959, pp.179-185.

20. Deshmukh, S. B. e Tawade, M. D. (1983): "Agricultural Planning For Heterogeneous Region," The Indian Geographical Journal, Vol. 2, Pp. 191-195.

21. Deshpande, C. D. (1971): "Geography of Maharashtra," National Book Trust, India, New Delhi.

22. Dhere A M e et al [2005] Estudos Ambientais, Phadake Prakashan, pp-1-4

23. Dixit, et. al. (2001): "Geography of Maharashtra," Rawat Publication, Pp.65.

24. Dr. Patil Y V [2002] ; Estudo Ambiental .pp-1-4

25. G. U. Todkari & S. J. Awate (2012): "A Geographical Analysis of Land use Efficiency in Solapur District (MS)," Latur Geographer, Vol.1, Pp.7-12.

26. Gosal.G.S. "Regional aspects of population growth in India" Pacific view point,Vol.3,1962, pp.88-99

27. Governo de Maharashtra: Socio-Economic Review and District Statistical Abstracts of Solapur District (1991 a 2005).

28. Hussein, M. (1999): "Systematic Agriculture Geography," Rawat Publication, Pp.83, 224, 248.

29. Jasbir Singh and S S Dillon [2004]; Agriculture Geography . Publicação Tata MacDraw Hill pp41-99.

30. Karmarkar e et al [2000] ;Environmental Science ,pp2-4

31. Karshna A. Argo (1963): "climatology of Arid and Semiarid Zone, "Geo Revive India, p.20.

32. Kashid P B [2005] ; A agricultural Land Use in Solapur District ; A Geographical Analysis .M Phil dissertation submitted to Nanded University . Pp13-28.

33. Khatib, K. A. (1999): "Environmental Geography," Sanjog Publication, Pp.1-3.

34. Krishan Gopal, "The impact of population growth on rural housing geographical review of India, 40.1978 pp.138-143.

35. Misra, R.H. "Growth of population in Lower Ganga-Ghagra Doab", Indian ' Geographical Journal, Vol.LXV.1970 pp.27-39.

36. Mohammad Shafi [2006]; Geografia da Agricultura, Pearson Education, pp. 38-68

37. Mohammad, Shafi (2006): "Agriculture Geography," Pearson Education, Pp. 21, 38-68.

38. Noor, Mohammad & Moonis, Raza, (1992): "Agricultural Meteoro-logical Database and New Dimensions in Agriculture Geography", Concept Publishing Company, New Delhi, Vol. No-2, P.245.

39. Ohri V K [1988] ;Fator climático e conceção na agricultura .Anupama Publication .pp10-17

40. Ohri, V. K. (1988): "Climatic Fator and Design Making in Agriculture," Anupama Publication, Pp.10-17.

41. Pati, T. P. (1971) :Varibality of Rainfall and Agricultural Efficiency of Solapur District," Journal of Shivaji University, Vol. IV. Pp.102-107.

42. Patil P N [1986] ;Agriculture in Drought prone Area ;A Case Study of Solapur District . Dissertação de mestrado apresentada à Universidade Shivaji.

43. Patnaik, N.A. "Pattern of Inmigration in India's cities Geographical review of India, 50,1961, pp.16-23.

44. Peshave, et. al. (2004): "Environmental Study," Manjusha Publication, Pp.3-5.

45. Resumo sócio-económico do distrito de Solapur [1971-2005].

Capítulo 3: PADRÃO DE UTILIZAÇÃO DO TERRENO

3.1 Introdução

O conceito de utilização do solo está relacionado com a utilização do solo que é utilizado para uma determinada atividade durante um determinado período de tempo. O uso do solo como 'utilização de todos os terrenos desenvolvidos e vagos num ponto específico, num determinado tempo e espaço. A utilização do solo é condicionada pela associação de dois conjuntos de factores. Por um lado, os factores físicos que incluem a geologia, as caraterísticas do relevo, o clima, o solo e a vegetação. Estes factores são muito importantes no papel da utilização do solo. O uso do solo é uma função de quatro variáveis: terra, água, ar e homem. Cada uma desempenha o seu próprio papel na composição da sua história de vida. A utilização da terra constitui um ponto importante no planeamento nacional, especialmente na Índia, onde mais de 80% da população depende da terra para a sua subsistência.

3.2 Classificação dos terrenos

A classificação da terra significa dividir a terra em diferentes categorias de acordo com um único fator ou um conjunto de factores. Por conseguinte, a classificação das terras foi feita em função de factores como os factores climáticos, as caraterísticas do solo, o declive das terras, o grau de erosão, o abastecimento de água, a drenagem e outros factores ambientais semelhantes, o que retrata as capacidades físicas das terras para produzir durante um longo período de tempo em determinadas condições de utilização e que pode fornecer às operações fundiárias uma base para a prática efectiva em unidades científicas de terra.

A utilização da terra também está relacionada com a "conservação da terra de um uso principal para outro uso geral". O conceito de utilização da terra inclui a conservação da terra, o que significa utilizar a terra da melhor forma possível, não só para obter o máximo benefício dos recursos, mas também para a preservar o mais possível numa eficiência sem entraves para a prosperidade. A utilização das terras para um determinado fim é tida em consideração ao classificar as terras em rubricas e subrubricas. O Censo da Índia classificou os tipos de uso da terra em nove categorias. No entanto, para o presente estudo, estas são agrupadas em categorias de conselho, nomeadamente

1. Floresta
2. Terras não agrícolas
3. Terras potenciais, excluindo os pousios

4. Pousio
5. Área cultivada

3.3. Utilização geral do solo

Propõe-se examinar o padrão geral de utilização dos solos do distrito com a ajuda dos dados de área dos manuais de recenseamento do distrito. Os dados estatísticos sobre a utilização da terra para o período de referência de 1970-71 a 2004/05 foram extraídos da análise socioeconómica e do resumo estatístico distrital, preparados pelo Gabinete de Economia e Estatística, Governo de Maharashtra, Mumbai. Foram utilizados dados estatísticos ao nível do Tahsil para analisar os padrões de distribuição da utilização geral dos solos e as alterações registadas.

3.3.A. Variação temporal

Devido a uma grande variação da precipitação durante o período de inquérito no distrito de Solapur, verifica-se uma variação anual do padrão geral de utilização dos solos do distrito de Solapur. A utilização geral dos solos de qualquer zona sofre alterações num determinado período de tempo. Por variação temporal entende-se a alteração do padrão geral de utilização dos solos num determinado período de tempo. Esta variação temporal resulta de várias alterações nos factores de produção, ou seja, precipitação, fertilizantes, irrigação, sementes, etc. A variação temporal do padrão de utilização do solo na área de estudo foi estudada durante 35 anos, com o objetivo de descobrir a tendência da utilização geral do solo e identificar as possíveis causas responsáveis por essas alterações.

Quadro 3.1

Distrito de Solapur; Variação temporal na utilização geral do solo (Área em 00 Hect.)

Terreno Utilização Ano	Floresta	Terras não agrícolas	Terras potenciais, excluindo os pousios	Pousio	Área cultivada	Total
1971	333	655	584	2333	11105	15010
%	2.23	4.38	3.88	15.58	74.23	100
1981	359	727	1048	2247	10629	15010
%	2.39	4.84	6.98	14.98	70.81	100
1991	269	776	607	1755	11471	14878
%	1.81	5.22	4.08	11.80	77.09	100
2001	319	789	336	1753	11681	14878
%	2.14	5.30	2.26	11.78	78.52	100
2005	319	792	336	2945	10065	14878
%	2.14	5.32	2.25	19.79	67.65	100
Alterar 1971 a 2005	- 14	+137	-248	+612	-1040	-
%	- 0.09	+0.94	-1.63	+4.21	-6.58	-

Fonte: Resumo socioeconómico do distrito de Solapur 1971 & 2005. Tabela - 9, Pp-15-19

Solapur District
General Landuse

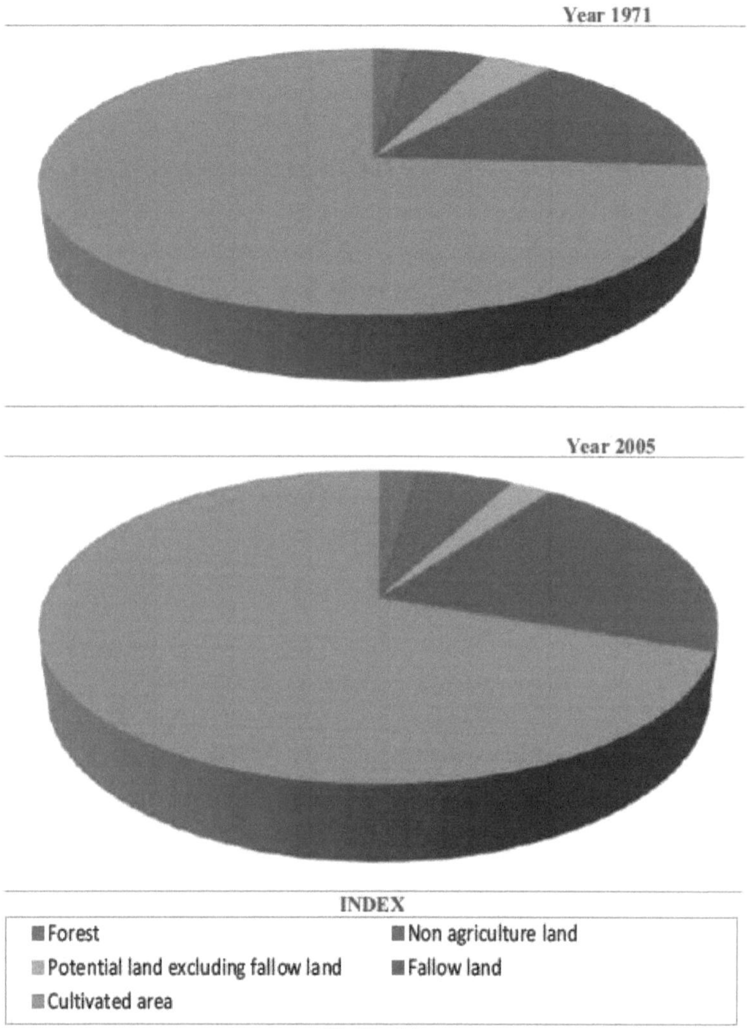

Fig No- 4.1

i. Floresta

O distrito tem uma área muito limitada de florestas, registando-se sobretudo manchas áridas e de matagal. De acordo com o ano de referência de 1971, a floresta ocupava uma proporção muito pequena (2,23%) no distrito de Solapur. Passados 10 anos (1981), aumentou 2600 hectares e captou uma percentagem de 2,39% da área geográfica total. Apesar de 1980, está a diminuir continuamente devido ao desenvolvimento da agricultura, à industrialização, à construção de estradas, à colonização, ao sobrepastoreio, ao corte de árvores para combustível doméstico e para serrações. No ano de referência de 2005, a área florestal representava apenas 2,14% da área geográfica.

ii. Terras não agrícolas

As terras não agrícolas incluem as rochas, os desertos, os estéreis e as terras afectadas a utilizações não agrícolas. Cerca de 65500 hectares (4,38%) de terras não estavam disponíveis para cultivo no distrito de Solapur no ano de referência de 1971. Esta percentagem está a aumentar ligeiramente devido ao desenvolvimento das actividades humanas. Durante o período de inquérito (35 anos), registou-se um aumento de 13700 hectare, abrangendo 5,32% da área geográfica.

iii. Terrenos potenciais

As terras reservadas para efeitos de extensão do cultivo só podem ser encontradas nesta categoria, as terras que poderiam ser utilizadas para o cultivo, mas que não foram cultivadas devido a determinadas razões. Inclui os resíduos culturais, as pastagens permanentes, os pastos e as árvores miscelâneas, as culturas, etc. Esta categoria abrangia 58400 hectares (3,88%) da região de estudo em 1971 e, em 2005, abrangia 33600 hectares (2,25%) da área geográfica total da região de estudo. Entre 1971 e 2005, diminuiu de 58400 hectares para 33600 hectares.

iv. Pousios

Os pousios incluem os pousios antigos e os pousios actuais. Os pousios devem-se a um abastecimento de água inadequado ou a um excesso de humidade, a uma exploração extensiva e a solos argilosos pesados que não podem ser facilmente preenchidos num determinado momento. Na região de estudo, as terras abrangidas por esta categoria ascendiam a 29 4500 hectares (19,79 %) no distrito de Solapur em 2005. Durante o período de inquérito, as terras em pousio aumentaram de 233300 hectares para 294500 hectares.

v. Área cultivada

Por superfície cultivada entende-se a terra suscetível de ser cultivada ou lavrada. É a superfície efectiva cultivada no país, a superfície semeada mais de uma vez no mesmo ano apenas uma vez. O quadro 4.1 mostra que a área cultivada no distrito de Solapur, em relação à área geográfica total, era de 74,23% em 1971, tendo diminuído em 2005, permanecendo em 67,65% da área geográfica total.

4.3.B. Padrão espacial

Há muitas diferenças na fisiografia do distrito de Solapur, pelo que existe uma variação no padrão geral de utilização dos solos do distrito de Solapur. A variação espacial na utilização geral do solo no distrito de Solapur é o impacto de factores sociais, económicos, físicos, culturais, climáticos e outros factores ambientais. O distrito de Solapur apresenta uma enorme diversidade em todos os factores. No presente estudo, a variação espacial da utilização geral dos solos foi estudada em relação à superfície líquida semeada, ao pousio, às terras potenciais, às terras não agrícolas e à superfície florestal.

i. Floresta

Em 2005, a floresta ocupava cerca de 2,14% da área geográfica total do distrito. Existem variações notáveis a nível de taluka. A percentagem elevada (superior a 4%) de floresta encontra-se nos tahsils de Mangalwedha e Pandharpur e a proporção moderada (2 a 4%) de área florestal encontra-se apenas em North Solapur e Karamala. A baixa proporção de floresta (inferior a 2%) regista-se em Malshiras, Sangola, Akkalkot, Mohol, Madha, Barshi e South Solapur.

Quadro 3.2

Distrito de Solapur; área florestal. (Área em 00 Hect.)

Nº Sr.	Tahsil	1971		2005		Alterar	
		Área	% para GA	Área	% para GA	Área	% para GA
1	Karmala	62	3.88	59	3.69	-3	-0.19
2	Madha	17	1.11	26	1.70	+9	+0.59
3	Barshi	27	1.63	22	1.44	-5	-0.19
4	N Solapur	12	1.76	21	3.07	+9	+1.31
5	Mohol	39	2.96	16	1.21	-23	-1.75
6	Pandharpur	15	1.15	54	4.17	+39	+3.02
7	Malshiras	59	3.67	03	0.18	-56	-3.49
8	Sangola	70	4.39	07	0.43	-63	-3.96
9	Mangalwedha	08	0.70	71	6.21	+63	+5.51
10	S Solapur	18	1.50	18	1.50	00	00
11	Akkalkot	06	0.42	22	1.57	+16	+1.15
	Distrito	333	2.21	319	2.14	-14	-0.07

Fonte: Resumo socioeconómico do distrito de Solapur 1971 & 2005. Tabela - 9 Pp-15-19

A variação em grande escala assinalada no padrão, Tabela No. 4.2 e Fig. No. 4.2, mostra que a região sofreu algumas alterações no coberto florestal, variando entre uma diminuição de um por cento e um aumento de 6 por cento da área geográfica total.

SOLAPUR DISTRICT
Area under Forest
Year 1971
High Area
Moderate Area
Low Area
Year 2005
High Area
Moderate Area
Low Area
Change in %
Positive
Above 2
Below 2
Negative
Above 2
Below 2
Data Not Available
N
12 Km

Fig.- 4.2

A mudança positiva notável (acima de 5,51%) na cobertura florestal ocorreu em Mangalwedha, seguida por Pandharpur (3,02%), North Solapur (1,31) e Madha (0,59%). Observa-se uma alteração negativa elevada em Sangola (3,96%), seguida de Malshiras (3,49%). As restantes tahsils do distrito de Solapur registaram alterações negativas de pequena escala durante o período de inquérito.

i. Terras não agrícolas

Como o seu nome indica, é a terra que não está disponível para cultivo. São de dois tipos: (1) terras destinadas a utilizações não agrícolas, como a construção de povoações, estradas, caminhos-de-ferro, canais, poços, instalação de indústrias, etc. e (2) terras estéreis que não podem ser cultivadas devido a problemas naturais. As terras situadas em colinas, desertos, lagos, lagoas, linhas de drenagem, etc., inserem-se nesta subcategoria.

Quadro 3.3

Distrito de Solapur; área ocupada por terras não agrícolas (área em 00 Hect.)

Nº Sr.	Tahsil	1971		2005		Alterar	
		Área	%	Área	%	Área	%
1	Karmala	143	8.95	111	6.95	-32	-02.00
2	Madha	64	4.15	45	2.94	-19	-1.21
3	Barshi	36	2.17	69	4.53	+33	+2.36
4	N Solapur	18	2.63	40	5.85	+22	+3.22
5	Mohol	10	0.75	125	9.49	+115	+8.74
6	Pandharpur	65	5.02	74	5.71	+09	+0.69
7	Malshiras	158	9.82	57	3.54	-101	-6.28
8	Sangola	98	6.14	148	9.28	+50	+3.14
9	Mangalwedha	40	3.50	38	3.32	-02	-0.18
10	S Solapur	12	1.01	46	3.85	+34	+2.84
11	Akkalkot	11	0.78	39	2.78	+28	+2.00
	Distrito	655	4.36	792	5.28	+137	+0.94

Fonte: Resumo socioeconómico do distrito de Solapur 1971 & 2005. Tabela - 9 Pp-15-19

Cerca de 4,36% da área pertence a esta categoria no distrito em 1971. A proporção aumentou também marginalmente para 5,32% em 2005. Isto significa o aumento total da área sob esta categoria de uso de terra durante o período de investigação. A Fig. 4.3 e a tabela 4.3 mostram a distribuição regional e as respectivas mudanças na terra não agrícola durante o período em estudo.

A distribuição espacial das terras não agrícolas em 2005 é desigual. As áreas de elevada proporção de terras não agrícolas (acima de 8%) são observadas nos thasils de Mohol e Sangola.

SOLAPUR DISTRICT

Area under Non Agriculture Land

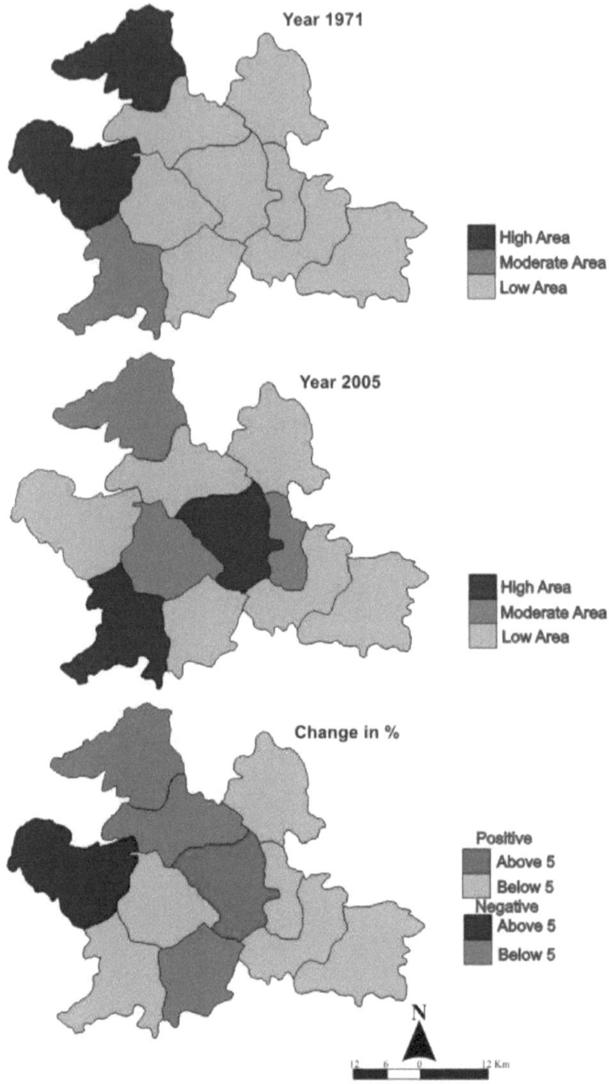

Fig.- 4.3

A proporção moderada, ou seja, de 5 a 8 por cento, prevalece nas talukas de Karmala, North Solapur e Pandharpur. A proporção de terras desta categoria é inferior a 5%, nomeadamente nas tahsils densamente povoadas e irrigadas de Madha, Barshi, Malshiras, South Solapur e Akkalkot. A mudança na posição relativa da força das terras não agrícolas das talukas é diferente na fig. 4.3. A contagem dos pontos percentuais de aumento e diminuição é efectuada para fornecer uma medida comparativa das alterações ocorridas no período de 1971 a 2005. O aumento foi de 65500 hectares em 1971 para 79200 hectares em 2005. Mas não existe um padrão uniforme na distribuição da área envolvida na mudança na região. O aumento elevado (superior a 5 %) verifica-se apenas em Mohol tahsil, enquanto o aumento marginal (inferior a 5 %) se regista nas talukas de Barshi, North Solapur, Sangola, South Solapur, Akkalkot e Pandharpur. Em contrapartida, a diminuição da percentagem da área afetada por alterações nesta categoria foi relativamente menor e limitou-se sobretudo às talukas de Malshiras (6,28%). Respetivamente, os talukas de Karamala, Madha e Mangalwedha registaram uma diminuição inferior a 5%.

ii. Terrenos potenciais

Trata-se, em geral, de terrenos baldios cultiváveis, de pastagens permanentes e de superfícies arborizadas, cultivadas e arvoredos diversos. As terras para efeitos de extensão do cultivo só podem ser encontradas nesta categoria, que poderiam ser utilizadas para o cultivo, mas que não foram cultivadas devido a determinadas razões.

Quadro 3.4

Distrito de Solapur; área com potencial para a terra. (Área em 00 Hect.)

Nº Sr.	Tahsil	1971		2005		Alterar	
		Área	%	Área	%	Área	%
1	Karmala	71	4.44	07	0.43	-63	-4.01
2	Madha	58	3.80	14	0.91	-44	-2.89
3	Barshi	35	2.12	10	0.65	-25	-1.47
4	N Solapur	25	3.66	11	1.61	-14	-2.05
5	Mohol	24	1.82	NA	NA	NA	NA
6	Pandharpur	41	3.17	31	2.39	-10	-0.78
7	Malshiras	95	5.90	198	12.31	+103	+6.41
8	Sangola	57	3.57	39	2.44	-18	-1.13
9	Mangalwedha	54	4.72	24	2.10	-30	-2.65
10	S Solapur	52	4.35	02	0.16	-50	-4.19
11	Akkalkot	72	5.14	NA	NA	NA	NA
	Distrito	584	3.89	336	2.25	-248	-1.64

Fonte: Resumo socioeconómico do distrito de Solapur 1971 & 2005. Tabela - 9 Pp-15-19

SOLAPUR DISTRICT
Area under Potential Land
Year 1971
High Area
Moderate Area
Low Area
Year 2005
High Area
Moderate Area
Low Area
Data Not Available
Change in %
Positive
Above 5
Below 5
Negative
Above 5
Below 5
Data Not Available
N
12 6 0 12 Km

Fig.- 4.4

No âmbito da discussão sobre o seguro, são consideradas em conjunto as terras agrícolas penitenciais, que representam cerca de 2,25% da área geográfica total em 2005. A distribuição espacial representada na fig. 4.4 varia de 0,16% a 12,31%. Uma proporção significativamente elevada (mais de 10%) de terras agrícolas potenciais encontra-se em Malshiras taluka. Este facto deve-se principalmente a condições climáticas adversas e a uma situação física desfavorável. Observa-se uma cobertura inferior a 5% em Madha, Barshi, Mangalwedha, South Solapur, North Solapur, Akkalkot, Mohol, Karamala, Sangola e Pandharpur.

A distribuição regional das alterações nas terras agrícolas potenciais, tal como ilustrado no quadro 4.4 e na figura 4.4, parece ser desigual. As terras agrícolas potenciais diminuíram ligeiramente de 58400 hectares em 1971 para 33600 hectares em 2005. O aumento considerável está confinado às talukas de Malshiras (6,41%). Este facto pode dever-se ao aumento das terras de pastagem das aldeias, da área cultivada com árvores de fruto e, em segundo lugar, aos riscos físicos. O decréscimo, ou seja, menos de 5%, é observado em Karmala, Madha, Barshi, North Solapur, Pandharpur, Sangola, Mangalwedha e South Solapur tahsils da região. Este facto deve-se principalmente à proporção de terras potencialmente agrícolas que passaram a ser terras não agrícolas e agrícolas.

iii. Pousio

Por pousio entende-se a parte da superfície cultivada que é mantida inativa durante uma estação ou por um período que pode ir até quatro anos.

Quadro 3.5

Distrito de Solapur; superfície em pousio. (Área em 00 Hect.)

N.º Sr.	Tahsil	1971		2005		Alterar	
		Área	%	Área	%	Área	%
1	Karmala	124	7.77	162	10.15	+38	+2.38
2	Madha	47	3.08	296	19.39	+249	+16.31
3	Barshi	479	28.96	136	8.92	-343	-20.04
4	N Solapur	86	12.59	100	14.64	+14	+2.05
5	Mohol	171	12.98	263	19.96	+92	+6.98
6	Pandharpur	215	16.61	73	5.64	-142	-10.97
7	Malshiras	365	22.69	399	24.81	+34	+2.12
8	Sangola	416	26.10	616	38.64	+200	+12.54
9	Mangalwedha	138	12.08	321	28.10	+183	+16.02
10	S Solapur	170	14.22	193	16.16	+23	+1.94
11	Akkalkot	122	8.71	386	27.55	+264	+18.84
	Distrito	2333	15.54	2945	19.79	+612	+4.25

Fonte: Resumo socioeconómico do distrito de Solapur 1971 & 2005. Tabela - 9 Pp.-15-19

SOLAPUR DISTRICT
Area Under Fallow Land
Year 1971
INDEX
(Area in %)
High Area
Moderate Area
Low Area
Year 2005
INDEX
(Area in %)
High Area
Moderate Area
Low Area
Change in %
INDEX
Positive
Above 10
Below 10
Negative
Above 10
Below 10
N
Km

Fig.-4.5

São de dois tipos: 1. Pousio atual, 2. Pousio que não seja o pousio atual. O pousio que não o pousio atual inclui todas as áreas que foram temporariamente mantidas fora do cultivo por uma razão ou outra, por um período de pelo menos um ano, mas não mais de quatro anos.

O distrito de Solapur tem uma proporção substancial de terras em pousio, com uma média de 15,54% para o ano de referência de 1971, tendo aumentado consideravelmente para 19,79% no ano de referência de 2005. Isto mostra claramente que se trata de uma região propensa à seca. De acordo com o ano de referência de 2005, o tahsil de Sangola tem a percentagem mais elevada de terras em pousio, que é superior a 30%. Nas tahsils de Madha, Mohol, Malshiras, Mangalwedha, South Solapur e Akkalkot, a percentagem de terras em pousio situa-se entre 15 e 30%. Por conseguinte, a percentagem de terras em pousio inferior a 15% é observada em Karamala, Barshi, North Solapur e Pandharpur.

As terras em pousio diminuíram consideravelmente em Barshi tahsil (20,04%) e Pandharpur tahsil (10,97%) devido ao desenvolvimento da horticultura, à irrigação e à pressão demográfica. Observa-se um aumento elevado (superior a 10%) dos pousios em Madha, Sangola, Mangalwedha e Akkalkot e um aumento inferior a 10% nas tahsils de Karamala, North Solapur, Mohol, Malshiras e South Solapur. Este aumento do pousio em anos anteriores deve-se provavelmente à incerteza da precipitação e da profundidade da água à superfície.

iv. **Terras cultivadas**

As terras cultivadas referem-se à parte da superfície líquida semeada em que a sementeira é efetivamente efectuada pelo menos uma vez durante o ano. Não inclui a superfície de dupla cultura e constitui, por si só, a categoria de base da utilização das terras agrícolas. Os factores ambientais afectam diretamente a utilização agrícola das terras ou a superfície líquida semeada. Tradicionalmente, a agricultura é praticada de forma intensiva e em grande escala. A terra cultivada ocupa 67,65% da área de estudo em 2005. A Fig. 4.6 mostra a variação regional da quota de área cultivada, de menos de 40% a 80%. A decadência da área cultivada no distrito mudou ao longo dos últimos 35 anos, de cerca de 1110500 hectares em 1971 para uma diminuição de cerca de 1006500 hectares em 2005. A área cultivada mais elevada (acima de 70%) é observada em Karamala, Barshi, North Solapur, Pandharpur e South Solapur, seguida de 55 a 70% de área cultivada nas talukas de Mohol, Malshiras, Mangalwedha e Akkalkot. A área cultivada mais baixa encontra-se apenas nas tahsils de Sangola devido à falta de instalações de irrigação.

Quadro 3.6
Distrito de Solapur; área cultivada. (Área em 00 Hect.)

Nº Sr.	Tahsil	1971		2005		Alterar	
		Área	%	Área	%	Área	%
1	Karmala	1196	74.93	1185	74.24	-11	-0.69
2	Madha	1340	87.81	1087	71.23	-253	-16.58
3	Barshi	1077	65.11	1231	80.82	+154	+15.71
4	N Solapur	542	79.35	507	74.23	-35	-5.12
5	Mohol	1073	81.47	911	69.17	-162	-12.30
6	Pandharpur	958	74.03	1063	82.14	+105	+8.11
7	Malshiras	931	57.89	942	58.58	+11	+0.69
8	Sangola	953	59.78	644	40.40	-309	-19.38
9	Mangalwedha	902	78.98	671	58.75	-231	-20.23
10	S Solapur	943	78.91	916	76.71	-27	-2.20
11	Akkalkot	1190	84.93	908	64.81	-282	-20.12
	Distrito	11105	73.98	10065	67.65	-1040	-6.33

Fonte: Resumo socioeconómico do distrito de Solapur 1971 & 2005. Tabela - 9 Pp-15-19

As alterações positivas elevadas (superiores a 10%) são observadas apenas no tahsil de Barshi e as alterações positivas baixas (inferiores a 10%) são registadas nos tahsil de Pandharpur e Malshiras. A mudança negativa também foi observada em oito tahsil do distrito. As grandes alterações negativas (superiores a 10%) registam-se em Madha, Mohol Mangalwedha, Akkalkot e Sangola. Os restantes tahsil de Karmala, North Solapur e South Solapur registaram uma baixa alteração negativa (inferior a 10 por cento).

3.4 . Agricultura Utilização do solo

O termo "utilização dos solos agrícolas" designa a extensão da superfície bruta cultivada durante o ano agrícola em várias culturas. Por utilização agrícola das terras entende-se a superfície semeada líquida, os pousios e as terras não cultiváveis, excluindo os pousios. A superfície cultivada é conhecida como superfície semeada líquida, que também é conhecida como terras agrícolas. Em suma, a utilização agrícola das terras significa um padrão de cultivo ou a proporção da superfície cultivada com várias culturas num determinado momento. É o resultado da decisão tomada pelos agricultores relativamente à escolha das culturas e dos métodos de produção. Assim, esta tomada de decisão baseia-se não só em constrangimentos e limitações físicas, mas também na perceção que o agricultor tem do ambiente total. A sua perceção do ambiente está relacionada com o conteúdo e a natureza da informação disponível, muita da qual se baseia numa abordagem tradicional. O ambiente físico e cultural afecta o crescimento e a produção das culturas.

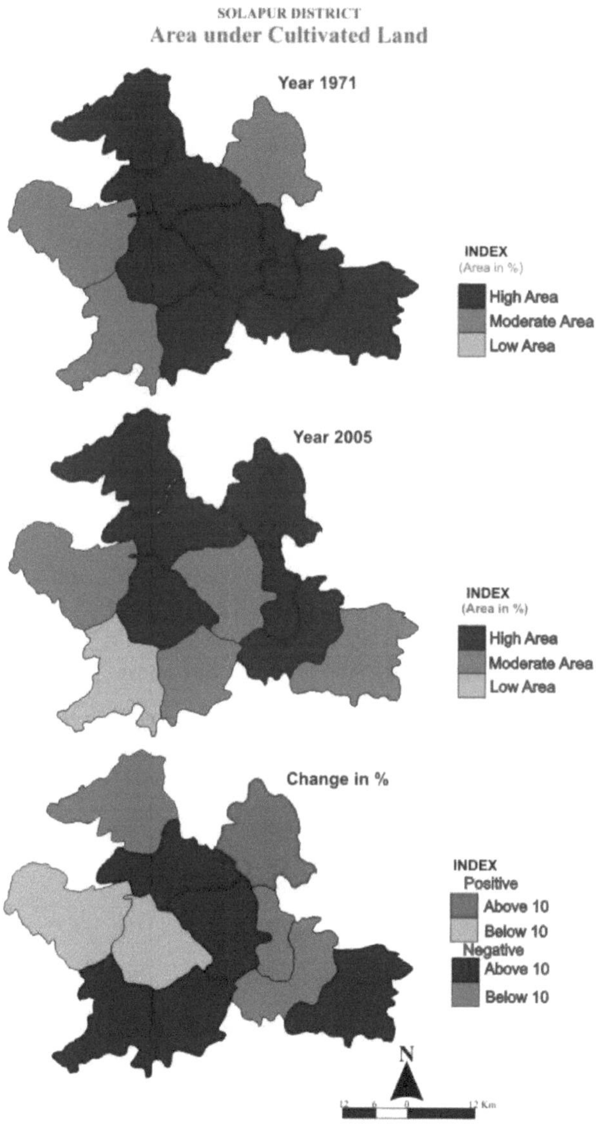
SOLAPUR DISTRICT
Area under Cultivated Land
Year 1971
INDEX
(Area in %)
High Area
Moderate Area
Low Area
Year 2005
INDEX
(Area in %)
High Area
Moderate Area
Low Area
Change in %
INDEX
Positive
Above 10
Below 10
Negative
Above 10
Below 10
N

Fig.- 4.6

3.4.A. Variação temporal da utilização das terras agrícolas

O padrão de cultivo é um componente importante de qualquer sistema agrícola. Por padrão de cultivo entende-se a proporção da área cultivada com várias culturas num determinado momento. O padrão de cultivo de qualquer região apresenta sempre variações ou mudanças. Esta mudança ocorre devido a variações de precipitação, irrigação, utilização de variedades de alto rendimento, conhecimentos técnicos, capital, fertilizantes, pesticidas, atitude dos agricultores, etc.

Quadro 4.7

Distrito de Solapur; Variação temporal da utilização das terras agrícolas. (Área em 00 Hect.)

Ano	1971		1981		1991		2001		2005	
Culturas	**Área**	**%**	**Área**	**%**	**Área**	**%**	**Área**	**%**	**Área**	**%**
Jawar	6280	56.55	7482	67.0	6921	68.21	7138	63.39	6732	66.88
Bajara	1330	11.97	754	6.82	580	5.71	533	4.73	251	2.49
Milho	109	0.98	142	1.28	139	1.36	291	2.58	271	2.69
Trigo	266	2.39	517	4.67	243	2.39	509	4.52	484	4.80
Arroz	74	0.66	59	0.53	34	0.33	16	0.14	05	0.04
Tur	539	4.85	602	5.44	512	5.00	324	2.87	133	1.32
Grama	253	2.28	319	2.88	133	1.30	316	2.80	319	3.16
Moog	69	0.62	66	0.59	26	0.25	51	0.45	20	0.19
Cana-de-açúcar	143	1.29	208	1.88	489	4.81	744	6.60	657	6.52
Frutos	84	0.75	76	0.68	80	0.78	155	1.37	490	4.86
Amendoim	762	6.86	311	2.81	217	2.13	218	1.93	59	0.58
Cártamo	459	4.13	222	2.00	267	2.63	490	4.35	347	3.44
Algodão	107	0.96	49	0.44	21	0.20	70	0.62	44	0.43
Outros	630	5.67	242	2.19	484	4.77	405	3.59	273	2.71
Total	11105	100	11049	100	10146	100	11260	100	10065	100

Fonte: Resumo socioeconómico do distrito de Solapur 1971 & 2005. Quadro - 12. Pp-27-31

A Tabela 4.7 e a Figura 4.7 mostram a variação temporal das principais culturas entre 1970-71 e 2004-05 na região de estudo. O jowar é uma das principais culturas utilizadas como alimento, forragem, produção de bebidas alcoólicas e biocombustíveis. A maior parte das variedades de jowar são tolerantes à seca e ao calor e são especialmente importantes nas regiões áridas. O aumento total de jowar entre 1970-71 e 2004-2005 é de 10,33% (Quadro 4.7). Ocupava 66,88% da área em 2004-05. A Bajara era cultivada a 11,97% na região de estudo em 1970-71 e diminuiu tremendamente em 2,49% em 2004-05. O milho é uma cultura forrageira básica que é utilizada como alimento para o gado, especialmente para as vacas leiteiras. Ocupava 0,98% em 1970-71, mas em 2004-05 ocupava 2,69% da área total cultivada.

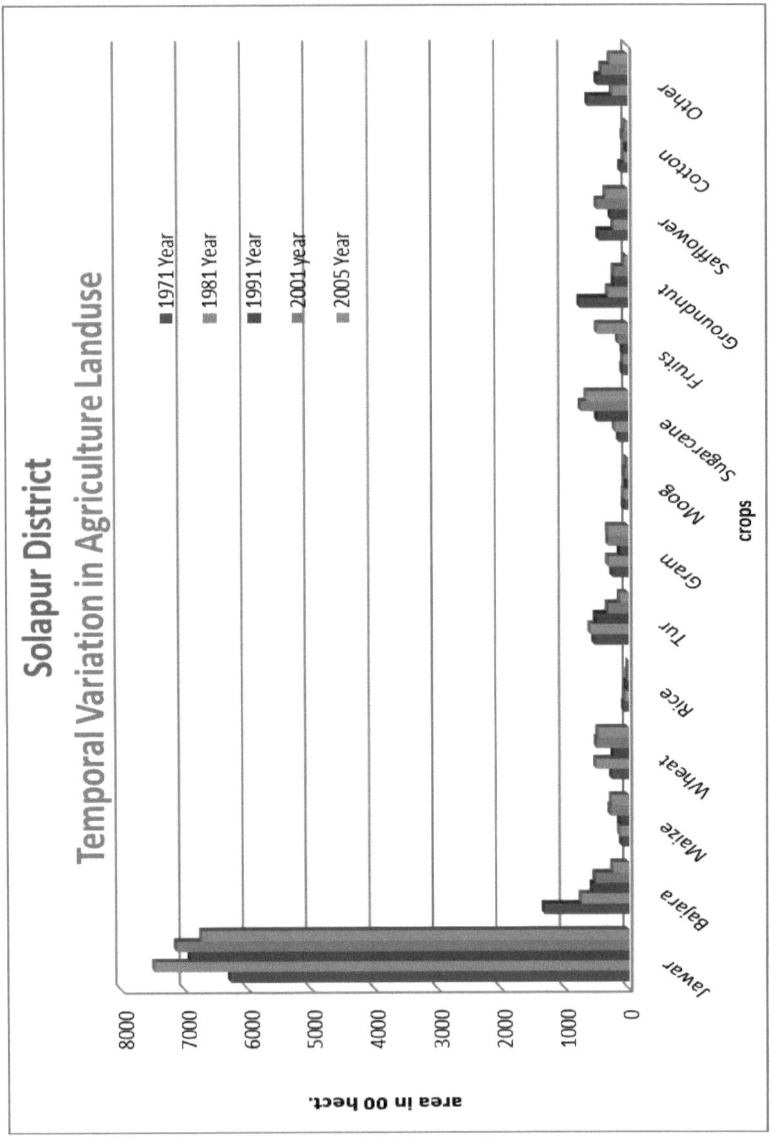
Solapur District
Temporal Variation in Agriculture Landuse
1971 Year
1981 Year
1991 Year
2001 year
2005 Year
area in 00 hect.
0
1000
2000
3000
4000
5000
6000
7000
8000
Jawar
Bajara
Maize
Wheat
Rice
Tur
Gram
Moog
Sugarcane
Fruits
Groundnut
Saffiower
Cotton
Other
crops

Fig. 3.7

O trigo é cultivado em 2,39 por cento das terras em 1970-71, enquanto em 2004-05 ocupa 4,80 por cento das terras. O aumento total do trigo é de 2,41% entre 1970-71 e 2004-05. A cana-de-açúcar ocupava 1,29% em 1970-71 no distrito de Solapur. A facilidade de irrigação aumentou durante o período de estudo e, por conseguinte, a cana-de-açúcar aumentou mais de quatro vezes na região de estudo. Em 2004-05, registou-se um aumento de 6,52%. O amendoim era cultivado numa área de 6,86% em 1970-71 e de 0,58% em 2004-05, registando uma diminuição total de 6,28% na região de estudo. Na região de estudo, o cártamo era cultivado numa área de 4,13% em 1970-71 e, ao longo de um período de 35 anos, diminuiu para 0,69%. A grama era cultivada em 2,28% em 1970-71 e aumentou 3,16%. As frutas e os legumes aumentaram 4,11% devido ao aumento da procura de frutas e legumes para satisfazer a procura da população em crescimento. Jowar, milho, trigo, grama, cana-de-açúcar, frutas e legumes aumentaram, enquanto bajara, cártamo, arroz, tur, moog, amendoim e algodão diminuíram de 1970-71 a 2004-05 durante o período de estudo na região de estudo.

3.4 B.Padrão espacial

O padrão espacial da utilização das terras agrícolas é diferente de tahsil para tahsil na região de estudo. Apresenta-se aqui o padrão espacial da utilização dos solos e as alterações registadas durante 35 anos. Em primeiro lugar, procura-se dar uma imagem do padrão espacial da utilização das terras e das culturas através de estudos a nível de tahsil. Em segundo lugar, procura-se medir as alterações no padrão de utilização das terras agrícolas durante o período de estudo.

i. Jawar

O nome botânico do Jawar é ***sorghum vulgare***. É também conhecido como painço grande. É a primeira cultura alimentar de base no distrito de Solapur. Entre todos os cereais alimentares da região, é uma cultura alimentar de base para a população rural. É uma cultura de primeira categoria. O jowar é uma das principais culturas da região de estudo, ocupando cerca de 56,55% (628000 hectares) em 1971, mas representava 68,88% (673200 hectares) da área total cultivada em 2005. Aumentou em 12,33% no período investigado devido ao aumento da irrigação e da pressão populacional. As principais variedades melhoradas cultivadas na região são C5H5, CH5, M35-1 e Jowar de kharif local. O quadro 4.8 mostra a distribuição espacial da cultura de jowar na região de estudo, que varia de tahsil para tahsil durante o período de estudo. A maior concentração (superior a 70%) de jawar é observada nos tahsil de Karamala, Mohol, North Solapur, Mangalwedha, South Solapur e Akkalkot. Nas tahsils de Barshi e Pandharpur, a percentagem é de 60 a 70 %. Noutros locais, a percentagem é inferior a 60% nas tahsil de Malshiras, Sangola e Madha.

Quadro 3.8

Distrito de Solapur; área cultivada com a cultura Jawar (área em 00 Hect.)

Nº Sr.	Tahsil	1971		2005		Alterar	
		Área	%	Área	%	Área	%
1	Karmala	717	59.94	851	71.81	+134	+11.87
2	Madha	791	59.10	792	72.76	+1	+13.66
3	Barshi	676	62.76	846	68.72	+170	+5.96
4	N Solapur	289	53.32	362	71.45	+73	+18.13
5	Mohol	653	60.86	661	72.55	+8	+11.69
6	Pandharpur	667	69.62	655	61.61	-12	-8.01
7	Malshiras	509	54.67	527	55.94	+18	+1.27
8	Sangola	531	55.72	357	55.43	-174	-0.29
9	Mangalwedha	447	49.55	366	54.54	-81	+4.99
10	S Solapur	484	51.33	677	73.90	+193	+22.57
11	Akkalkot	515	43.27	638	70.26	+123	+26.99
	Distrito	6280	56.55	6732	68.88	+452	+12.33

Fonte: Resumo socioeconómico do distrito de Solapur 1971 & 2005. Quadro - 12. Pp-27-31

Em geral, a área de jowar aumentou em todos os tahsils do distrito, exceto nos tahsils de Pandharpur e Sangola. A área cultivada com jowar aumentou cerca de 1% a 26% no período desde 1971 em todo o distrito. No entanto, a área desta cultura aumentou muito (mais de 20%) em South Solapur e Akkalkot tahsil e menos de 20% em Karmala, Madha, North Solapur e Mangalwedha. Mangalwedha é um dos principais produtores de ***jawar de Maldandi*** na região de estudo, bem como em Maharashtra. A área cultivada com jawar diminuiu em Pandharpur (8,01%) e Sangola (0,29%).

ii. Bajara

O bajara é uma espécie de painço grosseiro. É cultivado como uma cultura alimentar na região de estudo. É a terceira cultura alimentar em grão na região de estudo. Desempenha um papel muito dominante na economia da região de estudo. É um alimento básico para uma grande parte da população do distrito. Também fornece forragem de boa qualidade para o gado. A cultura da bajara é cultivada em toda a área de estudo em pequena escala (menos de 4%), mas está especialmente concentrada em Sangola (7,29%), Mangalwedha (6,55%) e Malshiras tahsil (4,56%). Em 1971, a área cultivada com bajara era de 11,97%, tendo diminuído para 2,49% da área líquida semeada em 2005.

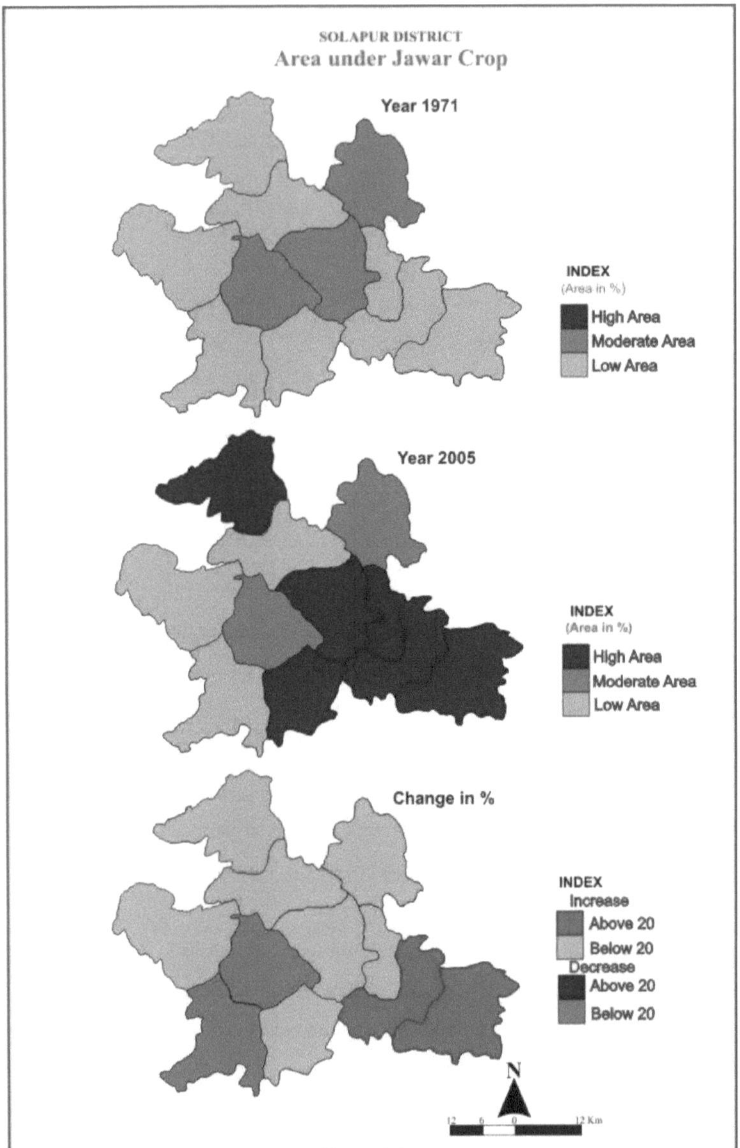
SOLAPUR DISTRICT
Area under Jawar Crop
Year 1971
INDEX
(Area in %)
High Area
Moderate Area
Low Area
Year 2005
INDEX
(Area in %)
High Area
Moderate Area
Low Area
Change in %
INDEX
Increase
Above 20
Below 20
Decrease
Above 20
Below 20
N
12 6 0 12 Km

Fig.- 4.8

A superfície cultivada com bajara diminuiu (mais de 5 %) nos tahsil de Karamala, Mohol e Pandharpur. Esta diminuição deve-se ao grande aumento da área cultivada com romã e com culturas de frutos silvestres. Na parte restante do distrito, a área cultivada com bajara diminuiu em pequena escala (menos de 5%).

Quadro 3.9
Distrito de Solapur; área cultivada com Bajara (área em 00 Hect.)

Nº Sr.	Tahsil	1971		2005		Alterar	
		Área	%	Área	%	Área	%
1	Karmala	146	12.20	33	2.78	-110	- 9.42
2	Madha	91	6.79	22	2.02	- 69	- 4.77
3	Barshi	22	2.04	13	1.05	- 9	- 0.99
4	N Solapur	24	4.42	10	1.97	- 14	- 2.45
5	Mohol	68	6.34	07	0.76	- 61	- 5.58
6	Pandharpur	93	9.71	13	1.22	- 80	- 8.49
7	Malshiras	164	1.76	43	4.56	-121	- 2.80
8	Sangola	348	3.65	47	7.29	- 301	- 3.67
9	Mangalwedha	258	2.86	44	6.55	- 214	- 3.69
10	S Solapur	47	4.98	08	0.87	- 39	- 4.11
11	Akkalkot	69	5.80	11	1.21	- 58	- 4.59
	Distrito	1330	11.97	251	2.49	-1079	- 9.48

Fonte: Resumo socioeconómico do distrito de Solapur 1971 & 2005. Quadro - 12. Pp-27-31

iii. Milho

O milho é o quarto cereal alimentar mais importante na área de estudo. É chamado localmente de Maka. Os agricultores cultivam o milho em pequena ou grande escala em toda a área de estudo. Aumentou porque é largamente utilizado para o gado ou para o crescimento da criação de gado leiteiro.

Cobriu 0,98% da área semeada líquida em 1971 e 2,69% em 2005, tendo aumentado 1,71% da área semeada líquida. A tabela 4.10 mostra a distribuição espacial da área cultivada com milho em 2005. A percentagem mais elevada de área cultivada com esta cultura encontra-se em Sangola (4,81%). Uma percentagem moderada (2 a 4%) de cultura de milho encontra-se em North Solapur, Mohol, Pandharpur, Malshiras, Mangalwedha, ao passo que a área mais baixa (inferior a 2%) desta cultura é observada em Madha, Barshi, South Solapur e Akkalkot tahsil.

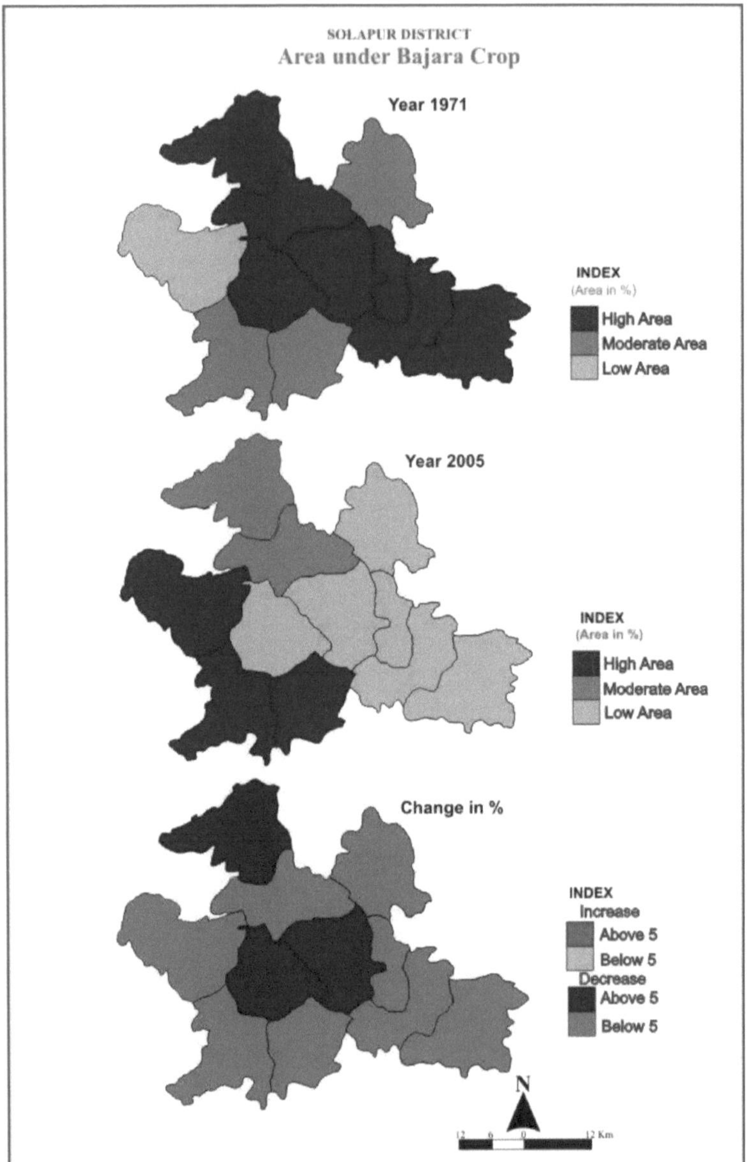
SOLAPUR DISTRICT
Area under Bajara Crop
Year 1971
INDEX
(Area in %)
High Area
Moderate Area
Low Area
Year 2005
INDEX
(Area in %)
High Area
Moderate Area
Low Area
Change in %
INDEX
Increase
Above 5
Below 5
Decrease
Above 5
Below 5
N
12 6 0 12 Km

Fig.- 4.9

Quadro 3.10

Distrito de Solapur; área cultivada com milho (área em 00 Hect.)

N.º Sr.	Tahsil	1971		2005		Alterar	
		Área	%	Área	%	Área	%
1	Karamala	14	1.17	40	3.37	+ 26	+ 2.20
2	Madha	18	1.34	21	1.93	+ 3	+ 2.59
3	Barshi	08	0.74	24	1.94	+ 16	+ 1.20
4	N Solapur	04	0.74	16	3.15	+ 12	+ 2.41
5	Mohol	25	2.33	27	2.96	+ 2	+ 0.63
6	Pandharpur	10	1.04	39	3.66	+ 29	+ 2.62
7	Malshiras	07	0.75	21	2.22	+ 14	+ 1.47
8	Sangola	07	0.73	31	4.81	+ 24	+ 4.08
9	Mangalwedha	05	0.55	24	3.57	+ 19	+ 3.02
10	S Solapur	06	0.64	13	1.41	+ 7	+ 0.77
11	Akkalkot	05	0.42	15	1.65	+ 10	+ 1.21
	Distrito	109	0.98	271	2.69	+ 162	+ 1.71

Fonte: Resumo socioeconómico do distrito de Solapur 1971 & 2005. Quadro - 12. Pp-27-31

A figura 4.10 mostra que em 1971 o milho ocupava cerca de 0,98%, enquanto em 2005 a sua área aumentou em 2,69% da área total semeada líquida da região. A área cultivada com esta cultura aumentou em grande parte (acima de 3%) nos tahsils de Sangola e Mangalwedha, enquanto aumentou até certo ponto (abaixo de 3%) em todos os tahsils da região de estudo, porque nesta área a irrigação está bem desenvolvida.

iv. Trigo

O trigo é a segunda cultura alimentar mais importante no distrito de Solapur. O nome botânico do trigo é ***Triticum Satuvum***. Os agricultores cultivam trigo em pequena escala em toda a área de estudo. Em 1971, ocupava 2,39% das terras, tendo aumentado 4,80% da área líquida semeada em 2005 e, no ano de referência, 1,02%. A área cultivada com trigo estava a aumentar ano após ano no período de 1971 a 2005.

O padrão regional de distribuição do trigo no quadro 4.11 mostra que a expansão desta cultura em áreas onde a irrigação está mais desenvolvida, como em 2005. A percentagem mais elevada de área cultivada com trigo regista-se em Pandharpur (7,05%), Malshiras (6,58%) e Madha tahsil (6,43%). A percentagem moderada (4 a 6 % da superfície semeada líquida) de trigo é observada em North Solapur e Mohol, enquanto a percentagem mais baixa (inferior a 4 %) da superfície cultivada com trigo se regista nos tahsils de Karamala, Barshi e Sangola.

Quadro 3.11

Distrito de Solapur; área cultivada com trigo (área em 00 Hect.)

Nº Sr.	Tahsil	1971		2005		Alterar	
		Área	%	Área	%	Área	%
1	Karmala	32	2.67	29	2.44	- 3	-0.23
2	Madha	27	2.00	70	6.43	+ 43	+ 4.43
3	Barshi	22	2.04	46	3.73	+ 24	+ 1.69
4	N Solapur	12	2.21	30	5.91	+ 18	+ 3.70
5	Mohol	25	2.33	51	5.59	+ 26	+ 3.26
6	Pandharpur	19	1.98	75	7.05	+ 56	+ 5.07
7	Malshiras	32	2.44	62	6.58	+ 30	+ 4.14
8	Sangola	17	1.78	19	2.95	+ 2	+ 1.17
9	Mangalwedha	23	2.55	24	3.57	+ 1	+ 1.02
10	S Solapur	24	2.54	57	6.22	+ 33	+ 3.68
11	Akkalkot	33	2.77	21	2.31	-12	- 0.46
	Distrito	266	2.39	484	4.80	+ 218	+ 2.41

Fonte: Resumo socioeconómico do distrito de Solapur 1971 & 2005. Quadro - 12. Pp-27-31

Pode observar-se na Fig. 4.11 que a área cultivada com trigo era de 2,39% em 1971, tendo aumentado para 4,80% da área líquida semeada em 2005. No entanto, só diminui nos tahsils de Karmala e Akkalkot do distrito. Aumentou muito (acima de 4%) nos tahsils de Pandharpur, Madha e Malshiras e também aumentou em pequena medida (abaixo de 4%) nos tahsils de North Solapur, Mohol, Barshi e Sangola.

v. Tur

O tur é também designado por "tovar" e "togari". Possui numerosos nódulos nas raízes que contêm bactérias Rhizobium, que fixam o azoto atmosférico. O tur é a primeira cultura de leguminosas na região de estudo. Abrange 1,32% da área líquida semeada em 2005. O tur ou grama-vermelha pertence à família e é um alimento básico rico em proteínas, consumido sob a forma de pulso derramado como dal.

A variação na distribuição da turfa não é grande e varia entre menos de 1 e 2 por cento na região em estudo. A maior área cultivada com turfa encontra-se em Sangola tahsil, seguida de 1 a 2% em Madha, Akkalkot, Mangalwedha, Pandharpur, Barshi, North Solapur, Mohol e Malshiras tahsil. No entanto, a área mais baixa (inferior a 1 por cento) é observada em Karamala e South Solapur tahsil. Este facto deve-se à tendência dos agricultores para a fruticultura comercial.

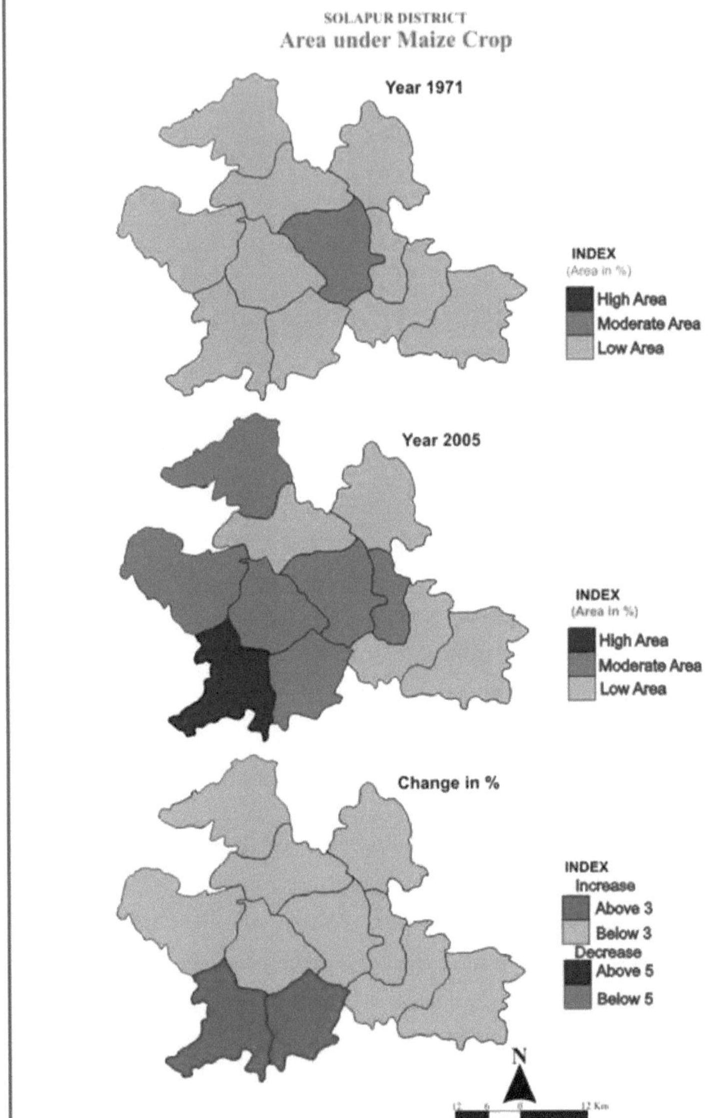
SOLAPUR DISTRICT
Area under Maize Crop
Year 1971
INDEX
(Area in %)
High Area
Moderate Area
Low Area
Year 2005
INDEX
(Area in %)
High Area
Moderate Area
Low Area
Change in %
INDEX
Increase
Above 3
Below 3
Decrease
Above 5
Below 5
N

Fig.- 4.10

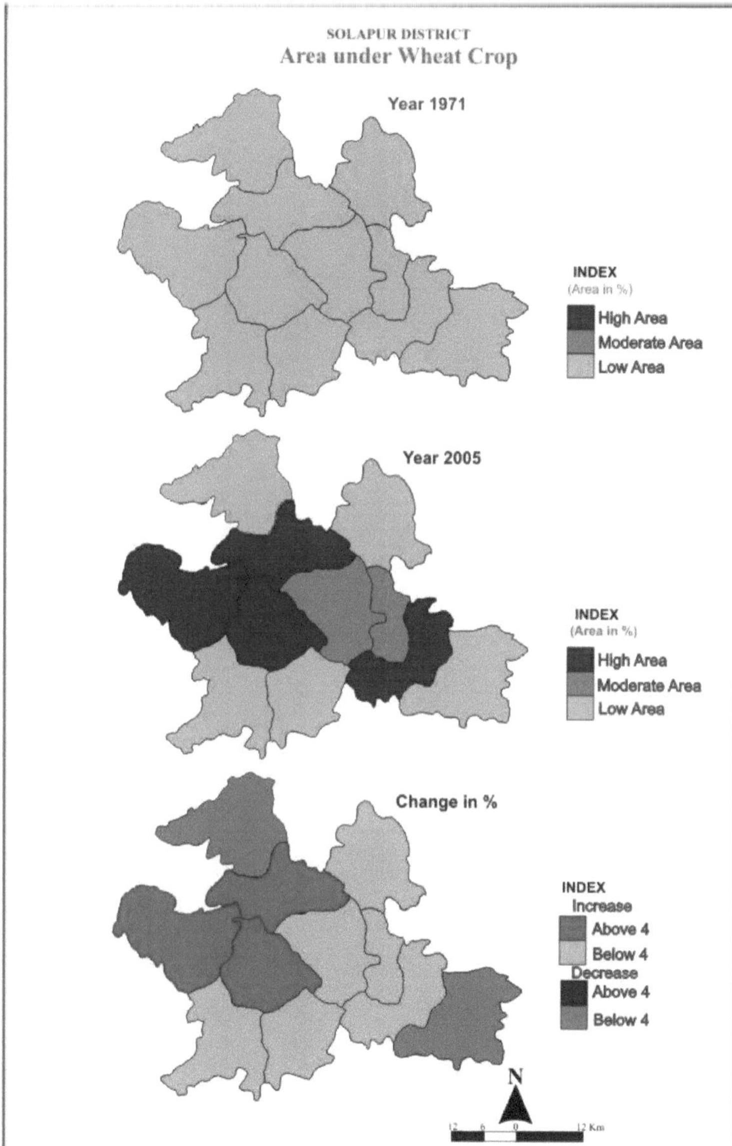
SOLAPUR DISTRICT
Area under Wheat Crop
Year 1971
INDEX
(Area in %)
High Area
Moderate Area
Low Area
Year 2005
INDEX
(Area in %)
High Area
Moderate Area
Low Area
Change in %
INDEX
Increase
Above 4
Below 4
Decrease
Above 4
Below 4
N
12 6 0 12 Km

Fig.-4.11

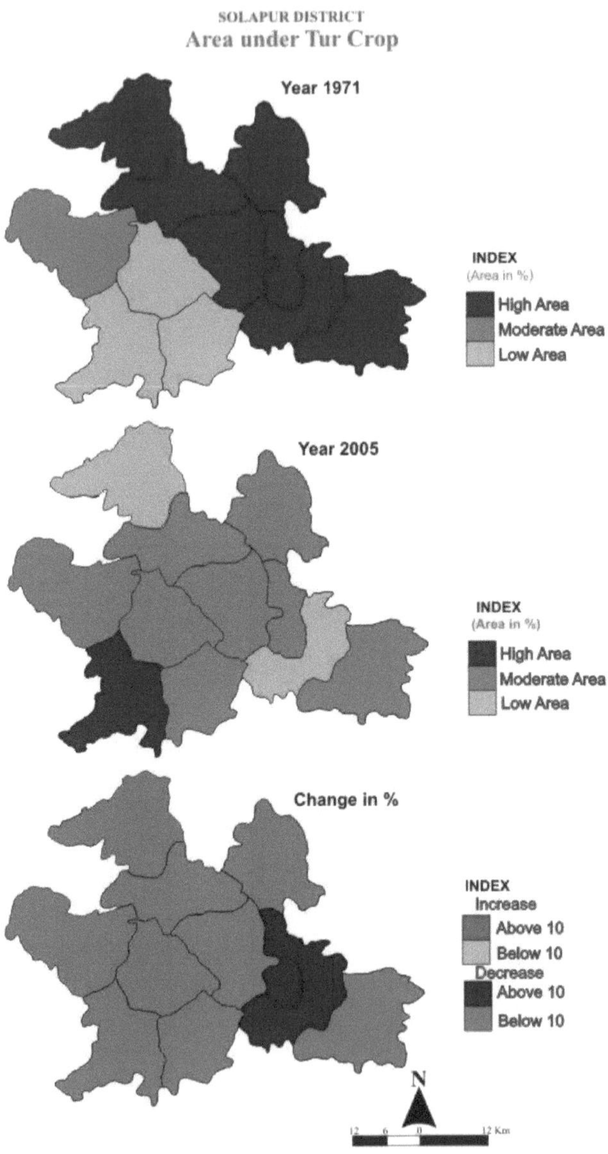
SOLAPUR DISTRICT
Area under Tur Crop
Year 1971
INDEX
(Area in %)
High Area
Moderate Area
Low Area
Year 2005
INDEX
(Area in %)
High Area
Moderate Area
Low Area
Change in %
INDEX
Increase
Above 10
Below 10
Decrease
Above 10
Below 10
N
12 6 0 12 Km

Fig.-4.12

Quadro 3.12
Distrito de Solapur; área cultivada com turfa (área em 00 Hect.)

Nº Sr.	Tahsil	1971		2005		Alterar	
		Área	%	Área	%	Área	%
1	Karmala	47	3.93	09	0.75	-38	- 3.18
2	Madha	48	3.58	13	1.19	-35	- 2.39
3	Barshi	65	6.03	18	1.46	-47	-4.57
4	N Solapur	76	14.02	06	1.18	- 70	- 12.84
5	Mohol	72	6.71	12	1.31	- 60	- 5.40
6	Pandharpur	09	0.94	19	1.78	+ 10	+ 0.84
7	Malshiras	11	1.18	11	1.16	0	-0.02
8	Sangola	05	0.52	14	2.17	+9	+ 1.65
9	Mangalwedha	08	0.89	09	1.34	-1	+0.45
10	S Solapur	57	6.04	06	0.65	-51	- 5.39
11	Akkalkot	141	11.85	16	1.76	-125	- 10.09
	Distrito	539	4.85	133	1.32	-406	- 3.53

Fonte: Resumo socioeconómico do distrito de Solapur 1971 & 2005. Quadro - 12. Pp-27-31

O mapa que mostra a evolução da cultura do tur, a área total cultivada com tur diminuiu. Apenas três dos onze tahsils registaram algum aumento das áreas cultivadas com turfa, mas não é significativo. A área elevada (superior a 10%) diminuiu em Akkalkot e North Solapur e os restantes tahsils registam uma diminuição inferior a 10% da área cultivada com turfa.

vi. Grama

A grama é consumida principalmente como leguminosa. É utilizada como alimento e ajuda a aumentar a fertilidade do solo. Até certo ponto, a grama desempenha um papel significativo no padrão de cultivo da área. A grama é uma cultura mista, pelo que pode ser semeada isoladamente ou com painço e cereais. A área cultivada com grama era de 2,28% em 1971, tendo aumentado em 2005, ou seja, 3,16% da área líquida semeada.

A área cultivada com grama abaixo de 2% a 4% da área líquida semeada na região de estudo em 2005 é mostrada no Quadro 4.13 e na Figura 4.13. Uma área elevada (acima de 3,5 por cento) de grama é observada em Barshi, Pandharpur, Malshiras e

Sangola tahsil. A área moderada (2,5 a 3,5 por cento) é observada nos tahsils de Madha, North Solapur, Mohol, Mangalwedha, South Solapur e Akkalkot. A área cultivada com grama é baixa nos tahsils de Karamala (menos de 2,5%) da área líquida semeada.

Quadro 3.13
Distrito de Solapur; área cultivada com gramíneas (área em 00 Hect.)

Nº Sr.	Tahsil	1971		2005		Alterar	
		Área	%	Área	%	Área	%
1	Karmala	33	2.76	25	2.10	-8	-0.66
2	Madha	29	2.16	34	3.12	+5	+ 0.96
3	Barshi	29	2.69	48	3.89	+19	+ 1.2
4	N Solapur	10	1.84	15	2.95	+5	+1.11
5	Mohol	22	2.05	27	2.96	+5	+0.91
6	Pandharpur	31	3.23	41	3.85	+10	+0.62
7	Malshiras	19	2.04	36	3.82	+17	+1.78
8	Sangola	07	0.73	23	3.57	+16	+2.84
9	Mangalwedha	29	3.21	19	2.83	-10	-0.38
10	S Solapur	30	3.18	25	2.72	-5	-0.46
11	Akkalkot	14	1.17	26	2.86	+12	+1.69
	Distrito	253	2.28	319	3.16	+66	+0.88

Fonte: Resumo socioeconómico do distrito de Solapur 1971 & 2005. Quadro - 12. Pp-27-31

A área cultivada com gramíneas registou um aumento significativo (superior a 2%) nos tahsils de Sangola entre os inquéritos e um aumento inferior a 2% nos tahsil de Madha, Barshi, North Solapur, Mohol, Pandharpur, Malshiras e Akkalkot. A superfície cultivada com grama diminuiu (menos de 2%) nos tahsil de Karamala, Mangalwedha e South Solapur.

vii. Moog

O Moog é uma importante cultura da "kharif". É outra importante cultura de leguminosas da região. É uma cultura de sequeiro moderadamente cultivada. A área cultivada com Moog era de 0,62% em 1971, tendo diminuído em 2005, ou seja, 0,19% da área líquida semeada.

Quadro 3.14
Distrito de Solapur; Superfície cultivada com Moog (Área em 00 Hect.)

Nº Sr.	Tahsil	1971		2005		Alterar	
		Área	%	Área	%	Área	%
1	Karmala	20	1.67	04	0.33	-16	-1.34
2	Madha	09	0.67	00	00	-09	-0.67
3	Barshi	18	1.67	10	0.81	-8	-0.86
4	N Solapur	02	0.67	01	0.19	-1	-0.48
5	Mohol	02	0.19	00	00	-2	- 0.19
6	Pandharpur	01	0.10	00	00	-1	-0.10
7	Malshiras	04	0.43	00	00	-4	-0.43
8	Sangola	01	0.10	01	0.15	0	+0.05
9	Mangalwedha	01	0.11	01	0.14	0	+0.03
10	S Solapur	06	0.64	01	0.10	-5	-0.54
11	Akkalkot	05	0.42	02	0.22	-3	-0.20
	Distrito	69	0.62	20	0.19	-49	-0.43

Fonte: Resumo socioeconómico do distrito de Solapur 1971 & 2005. Quadro - 12. Pp-27-31

O quadro 3.14 e a figura 3.14 revelam que a área cultivada com moog é inferior a um por cento da área líquida semeada na região de estudo em 2005. Em Madha, Mohol, Pandharpur e Malshiras, a área cultivada com moog é incontável e nos restantes tahsils do distrito a área cultivada com moog é muito reduzida. Durante o inquérito, a superfície cultivada com moog diminuiu ligeiramente (0,43%). A superfície cultivada com moog aumentou (menos de um por cento) nos tahsils de Sangola e Mangalwedha entre os inquéritos.

A área cultivada com moog diminuiu muito (1,34%) apenas em Karmala tahsil, caso contrário a área cultivada com moog no distrito de Solapur diminuiu menos de 1% no período de 1971 a 2005.

viii. Cana-de-açúcar

A cana-de-açúcar é designada localmente por "Oos". Trata-se de uma cultura anual. É a principal fonte de açúcar na Índia e uma das principais culturas de rendimento. É cultivada principalmente na área irrigada da região de estudo. Ocupa a posição mais importante na economia do distrito. É utilizado para o fabrico de açúcar branco. Existem 14 fábricas de açúcar cooperativas e 11 fábricas de açúcar privadas na região de estudo.

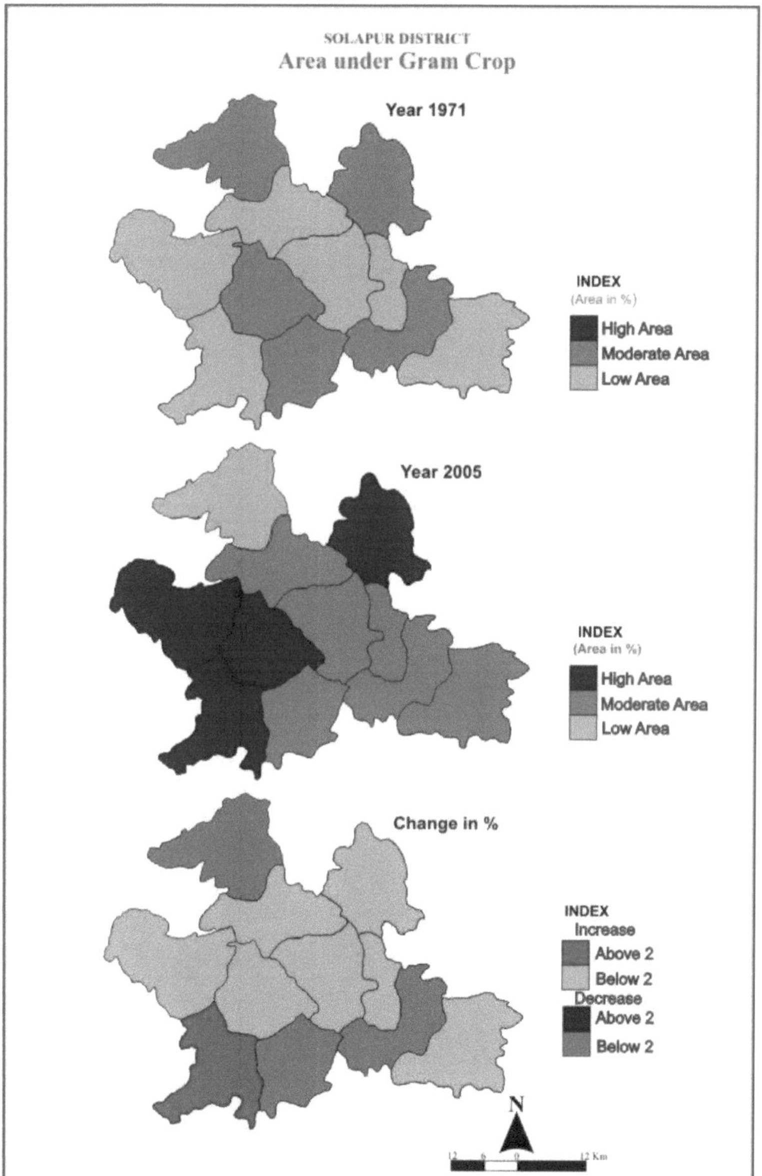
SOLAPUR DISTRICT
Area under Gram Crop
Year 1971
INDEX
(Area in %)
High Area
Moderate Area
Low Area
Year 2005
INDEX
(Area in %)
High Area
Moderate Area
Low Area
Change in %
INDEX
Increase
Above 2
Below 2
Decrease
Above 2
Below 2
N
12 6 0 12 Km

Fig.- 4.13

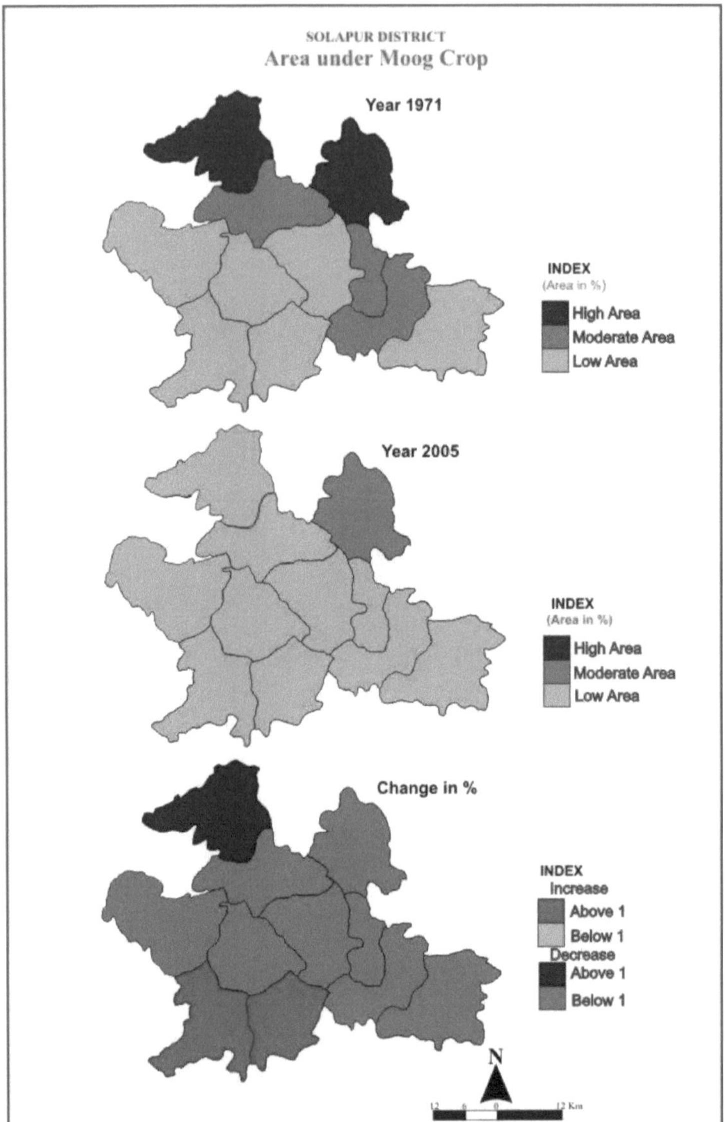
SOLAPUR DISTRICT
Area under Moog Crop
Year 1971
INDEX
(Area in %)
High Area
Moderate Area
Low Area
Year 2005
INDEX
(Area in %)
High Area
Moderate Area
Low Area
Change in %
INDEX
Increase
Above 1
Below 1
Decrease
Above 1
Below 1
N
12 6 0 12 Km

Fig.- 4.14

Quadro 3.15

Distrito de Solapur; área cultivada com cana-de-açúcar (área em 00 Hect.)

N.º Sr.	Tahsil	1971		2005		Alterar	
		Área	%	Área	%	Área	%
1	Karmala	03	0.25	46	3.88	+43	+3.63
2	Madha	08	0.60	44	4.04	+36	+3.44
3	Barshi	07	0.65	78	6.33	+71	+5.68
4	N Solapur	10	1.84	28	5.52	+18	+3.68
5	Mohol	07	0.65	49	5.37	+42	+4.72
6	Pandharpur	12	1.25	83	7.80	+71	+4.55
7	Malshiras	67	7.19	100	10.61	+33	+3.42
8	Sangola	04	0.42	37	5.74	+33	+5.32
9	Mangalwedha	03	0.33	61	9.09	+58	+8.76
10	S Solapur	08	0.85	36	3.93	+28	+3.08
11	Akkalkot	14	1.18	95	10.46	+81	+9.28
	Distrito	143	1.29	657	6.52	+514	+5.23

Fonte: Resumo socioeconómico do distrito de Solapur 1971 & 2005. Quadro - 12. Pp-27-31

A distribuição da cana-de-açúcar na área de estudo é generalizada. A Tabela 4.15 mostra a variação regional da área cultivada com cana-de-açúcar, que varia de 3 a 11%. Cerca de 6,52% da área semeada líquida do distrito foi cultivada com cana-de-açúcar em 2005. Os tahsils de Malshiras e Akkalkot registam mais de 10% da área, seguidos pelos tahsils de Mohol, Sangola, Pandharpur, Mangalwedha e North Solapur, com 5% a 10% da área cultivada com cana-de-açúcar. Os restantes tahasils registam uma proporção muito reduzida (inferior a 5%) da área cultivada com cana-de-açúcar.

A Tabela No 4.15 e a Fig. 4.15 mostram a mudança regional na área cultivada com cana de açúcar durante o estudo. A área cultivada com cana-de-açúcar aumentou significativamente durante o período em análise, o que se deve principalmente ao aumento das instalações de irrigação nos últimos anos em todos os tahsils do distrito. O maior aumento foi registado (mais de 8%) nos tahsil de Akkalkot e Mangalwedha, enquanto os tahsil de Malshiras, Barshi e Mohol registaram um aumento de 4% a 8%. Os restantes tahsils aumentaram a área de cana-de-açúcar em pequena escala (menos de 4%) devido a solos pouco profundos, topografia acidentada e falta de instalações de irrigação.

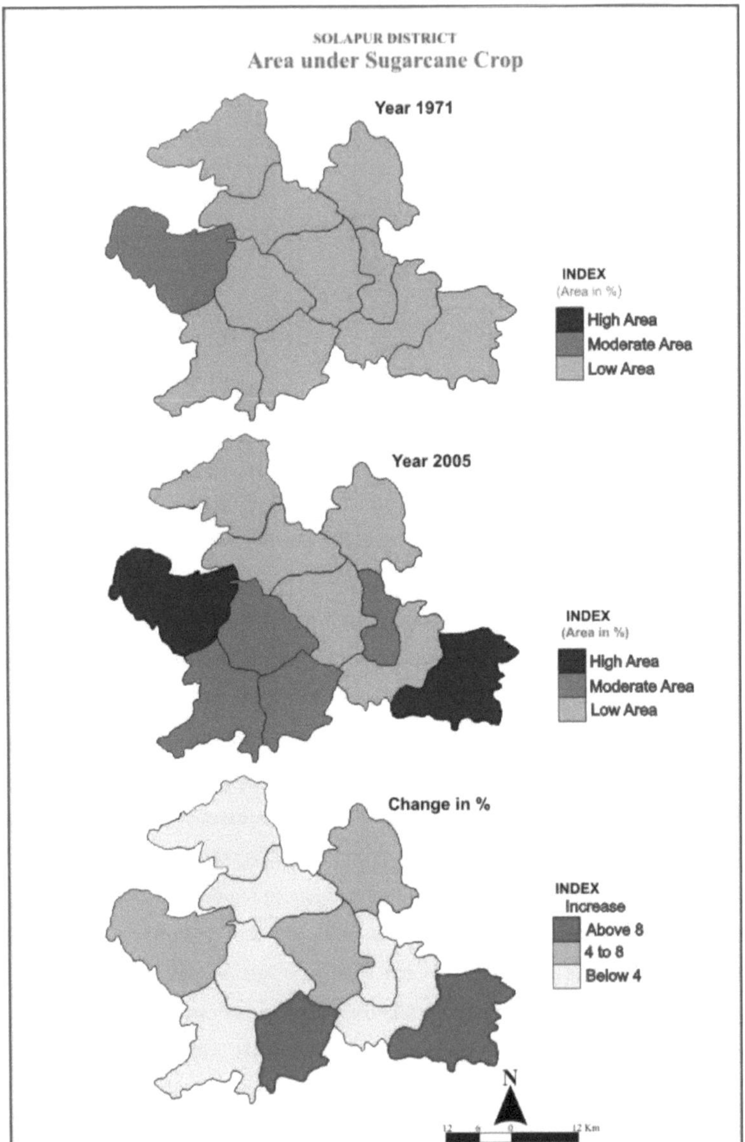
SOLAPUR DISTRICT
Area under Sugarcane Crop
Year 1971
INDEX
(Area in %)
High Area
Moderate Area
Low Area
Year 2005
INDEX
(Area in %)
High Area
Moderate Area
Low Area
Change in %
INDEX
Increase
Above 8
4 to 8
Below 4
N
12 6 0 12 Km

Fig.- 4.15

ix. Frutos

Os frutos são, sem dúvida, o alimento mais antigo do homem, mas o desenvolvimento da fruticultura em moldes comerciais ocorreu há relativamente pouco tempo no distrito de Solapur. Os frutos incluem manga, uva, romã, baga, banana, goiaba, figo, melancia, anona, papaia, sapotilha, etc., mas na região de estudo a manga, a uva, a romã, a banana e o limão são as culturas frutícolas mais importantes. O quadro 4.16 revela que, da superfície líquida total semeada, 4,86% da superfície é ocupada por culturas frutícolas (2005). A distribuição espacial das diferentes culturas frutícolas é desigual. A romã está concentrada em Sangola e a uva em Pandharpur e no norte de Solapur.

Quadro 3.16
Distrito de Solapur; área cultivada com culturas frutícolas (área em 00 Hect.)

Nº Sr.	Tahsil	1971		2005		Alterar	
		Área	%	Área	%	Área	%
1	Karmala	02	0.17	51	4.30	+49	+4.13
2	Madha	06	0.45	47	4.32	+41	+3.87
3	Barshi	07	0.65	51	4.14	+44	+3.49
4	N Solapur	09	1.66	35	6.90	+26	+5.24
5	Mohol	19	1.77	30	3.29	+11	+1.52
6	Pandharpur	06	0.63	54	5.07	+48	+4.44
7	Malshiras	07	0.75	73	7.74	+66	+6.99
8	Sangola	01	0.10	43	6.67	+42	+6.57
9	Mangalwedha	03	0.33	44	6.55	+41	+6.22
10	S Solapur	05	0.53	40	4.36	+35	+3.83
11	Akkalkot	19	1.60	22	2.42	+03	+0.82
	Distrito	84	0.76	490	4.86	+406	+4.10

Fonte: Resumo socioeconómico do distrito de Solapur 1971 & 2005. Quadro - 12. Pp-27-31

As zonas de clima seco, de solos ligeiros e de regadio situam-se em North Solapur, Mangalwedha, Sangola e Malshiras, que cobrem mais de 6% da área semeada líquida com culturas frutícolas. A área moderada (4 a 6 por cento) encontra-se em Karmala, Madha, Barshi, South Solapur e Pandharpur Tahsil. A área mais baixa (inferior a 4%) de culturas frutícolas encontra-se apenas em Mohol e Akkalkot. No período de inquérito, a superfície cultivada com culturas frutícolas registou um pequeno aumento (4,10%). A área cultivada com culturas frutícolas aumentou muito (mais de 6%) em Malshiras, Sangola e Mangalwedha, ao passo que aumentou (4 a 6%) em Karamala, North

Solapur e Pandharpur e aumentou em percentagem muito pequena (menos de 4%) em Madha, Barshi, Mohol, South Solapur e Akkalkot tahsils.

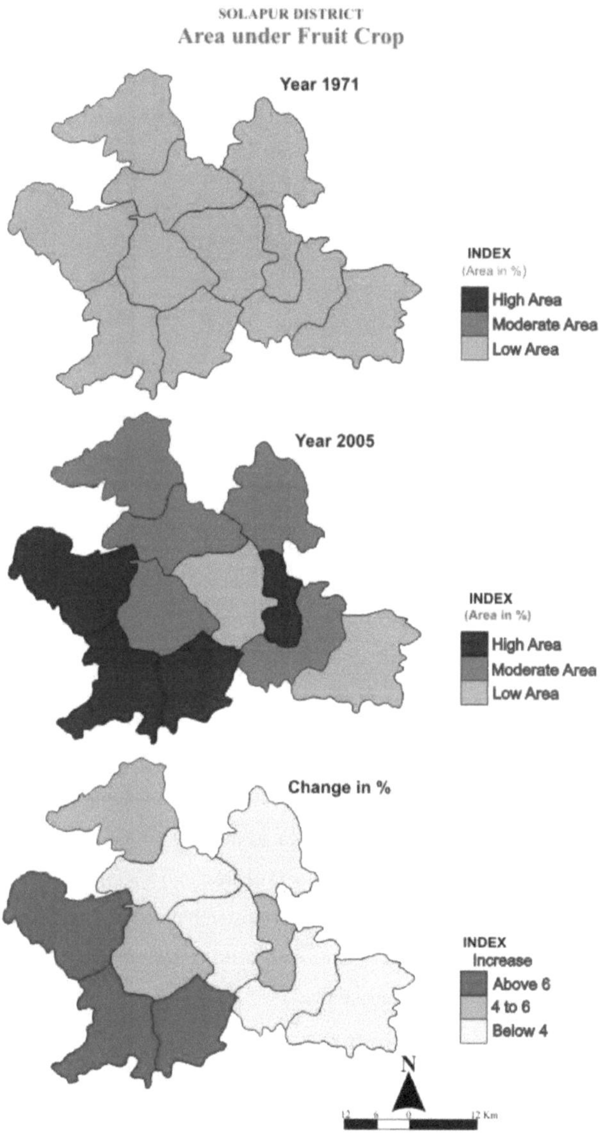
SOLAPUR DISTRICT
Area under Fruit Crop
Year 1971
INDEX
(Area in %)
High Area
Moderate Area
Low Area
Year 2005
INDEX
(Area in %)
High Area
Moderate Area
Low Area
Change in %
INDEX
Increase
Above 6
4 to 6
Below 4
N
12 6 0 12 Km

Fig.- 4.16

x. Amendoim

O amendoim é conhecido localmente como 'Bhuimoog'. É a semente oleaginosa mais importante cultivada na região de estudo. É particularmente apreciado pelo seu teor de proteínas, que é de elevado valor biológico.

Quadro 3.17

Distrito de Solapur; área cultivada com amendoim (área em 00 Hect.)

Nº Sr.	Tahsil	1971		2005		Alterar	
		Área	%	Área	%	Área	%
1	Karmala	31	2.59	10	0.84	-21	-1.75
2	Madha	50	3.73	07	0.64	-43	-3.09
3	Barshi	161	14.95	08	0.64	- 153	-14.31
4	N Solapur	51	9.41	05	0.98	- 46	-8.43
5	Mohol	36	3.35	04	0.43	- 32	-2.92
6	Pandharpur	19	1.98	03	0.28	- 16	-1.70
7	Malshiras	19	2.04	07	0.74	-12	-1.30
8	Sangola	05	0.52	06	0.93	+ 01	+0.41
9	Mangalwedha	16	1.77	03	0.44	- 13	-1.33
10	S Solapur	116	12.30	02	0.21	-14	-12.09
11	Akkalkot	258	21.68	04	0.44	-254	-21.24
	Distrito	762	6.86	59	0.58	-603	-6.28

Fonte: Resumo socioeconómico do distrito de Solapur 1971 & 2005. Quadro - 12. Pp-27-31

O Quadro 3.17 mostra a distribuição espácio-temporal do amendoim na região de estudo. Em 2005, ocupava 0,58% da área semeada líquida do distrito. Diminuiu 6,28% durante o período de estudo, devido ao facto de ter sido substituído por culturas comerciais e à diminuição da precipitação. O decréscimo mais elevado (superior a 20 por cento) regista-se no tahsil de Akkalkot. O decréscimo de 10 a 20 por cento regista-se em Barshi e South Solapur. A parte restante do distrito revela um decréscimo baixo (inferior a 10%) da área cultivada com amendoim.

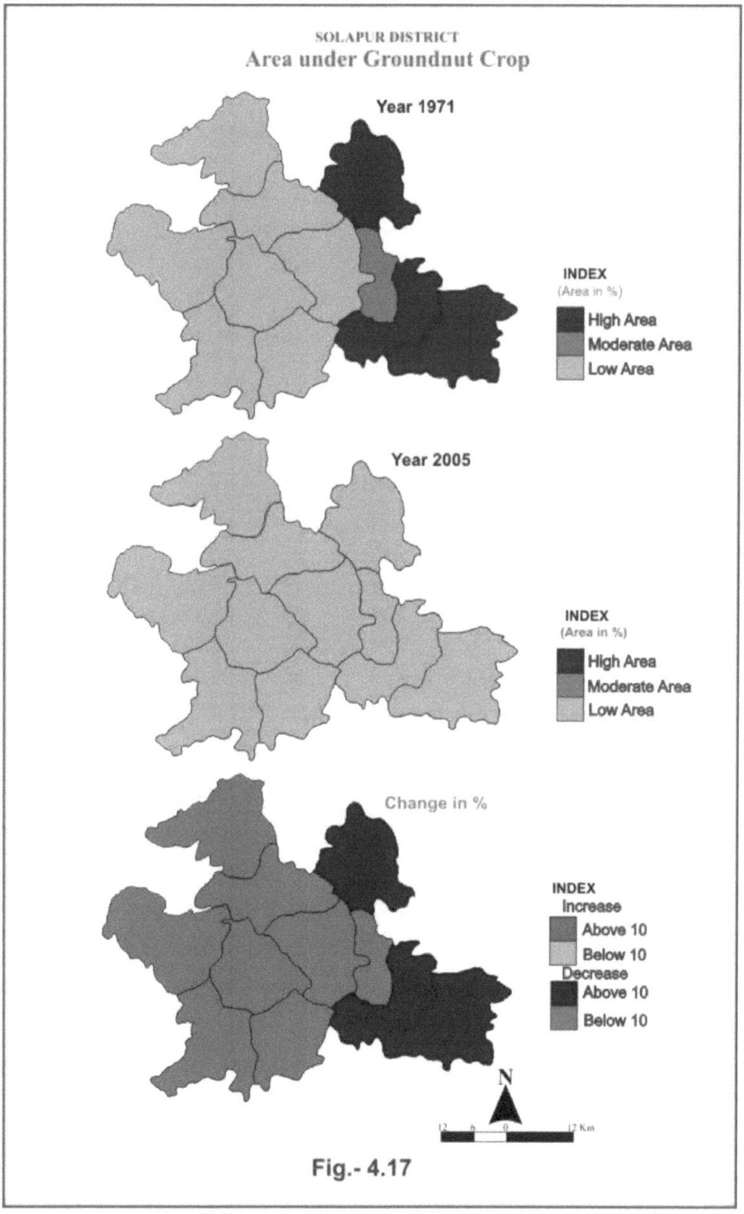
SOLAPUR DISTRICT
Area under Groundnut Crop
Year 1971
INDEX
(Area in %)
High Area
Moderate Area
Low Area
Year 2005
INDEX
(Area in %)
High Area
Moderate Area
Low Area
Change in %
INDEX
Increase
Above 10
Below 10
Decrease
Above 10
Below 10
N
12 6 0 12 Km

Fig.- 4.17

xi. Cártamo

O cártamo é uma importante cultura de sementes oleaginosas de rabi no distrito de Solapur. Também é cultivado com boa gestão e melhores instalações de irrigação. Cobriu 3,44% da área no ano de referência de 2005.

Quadro 3.18
Distrito de Solapur; área cultivada com cártamo (área em 00 Hect.)

Nº Sr.	Tahsil	1971		2005		Alterar	
		Área	%	Área	%	Área	%
1	Karmala	138	11.54	35	2.95	-103	-8.59
2	Madha	99	7.39	25	2.29	-74	-5.10
3	Barshi	19	1.76	47	3.81	+28	+2.05
4	N Solapur	10	1.84	10	1.97	0	+0.13
5	Mohol	41	3.82	21	2.30	-20	-1.52
6	Pandharpur	46	4.80	28	2.63	-18	-2.17
7	Malshiras	23	2.47	38	4.03	+15	+1.56
8	Sangola	01	0.10	32	4.96	+31	+4.86
9	Mangalwedha	30	3.32	38	5.66	+08	+2.34
10	S Solapur	25	2.65	36	3.93	+11	+1.28
11	Akkalkot	27	2.27	37	4.07	+10	+1.80
	Distrito	459	4.13	347	3.44	-112	-0.69

Fonte: Resumo socioeconómico do distrito de Solapur 1971 & 2005. Quadro - 12. Pp-27-31

A concentração de cártamo (acima de 4%) encontra-se em Malshiras, Sangola, Mangalwedha e Akkalkot tahsils do distrito. A área de 2 a 4 por cento encontra-se em todos os tahsils do distrito, exceto em North Solapur. A área total de girassol diminuiu apenas 0,69% durante o período de estudo. A área mais elevada diminuiu em Karamala (8,59%) e a mais baixa em Mohol (1,52%). A área mais elevada aumentou em Sangola (4,86%) e a mais baixa em South Solapur tahsil (1,28%).

xii. Algodão

O algodão, localmente designado por "Kapashi", é outra importante semente de tecido na região de estudo. O algodão é outra importante cultura de rendimento na região de estudo. As fábricas de algodão dependem da produtividade do algodão no distrito de Solapur. Do total da área cultivada bruta, a área cultivada com algodão era de 0,43% em 2005.

Quadro 3.19

Distrito de Solapur; área cultivada com algodão (área em 00 Hect.)

Nº Sr.	Tahsil	1971		2005		Alterar	
		Área	%	Área	%	Área	%
1	Karmala	01	0.08	02	0.16	+1	+0.08
2	Madha	05	0.37	08	0.73	+3	+0.36
3	Barshi	0.50	0.05	01	0.08	+0.50	+0.03
4	N Solapur	0.50	0.09	01	0.19	+0.50	+0.10
5	Mohol	05	0.46	02	0.21	-03	-0.25
6	Pandharpur	07	0.73	07	0.65	00	-0.08
7	Malshiras	49	5.26	01	0.10	-48	-5.16
8	Sangola	09	0.94	13	2.01	+04	+1.07
9	Mangalwedha	05	0.55	07	1.04	+02	+0.49
10	S Solapur	12	1.27	00	00	-12	-1.27
11	Akkalkot	13	1.09	02	0.22	-11	-0.87
	Distrito	107	0.96	44	0.43	-63	-0.53

Fonte: Resumo socioeconómico do distrito de Solapur 1971 & 2005. Quadro - 12. Pp-27-31

A distribuição espacial dos tashils cultivados com algodão no ano de referência de 2005 indica os seguintes aspectos. A percentagem mais elevada regista-se em Sangola (2,01%) e a mais baixa em Barshi taluka (0,08%). Em todos os restantes talukas do distrito, o algodão é totalmente inferior a 1% da área semeada líquida. A área de seis tahsils do distrito com culturas de algodão aumentou e a área dos restantes cinco tahsil com culturas de algodão diminuiu.

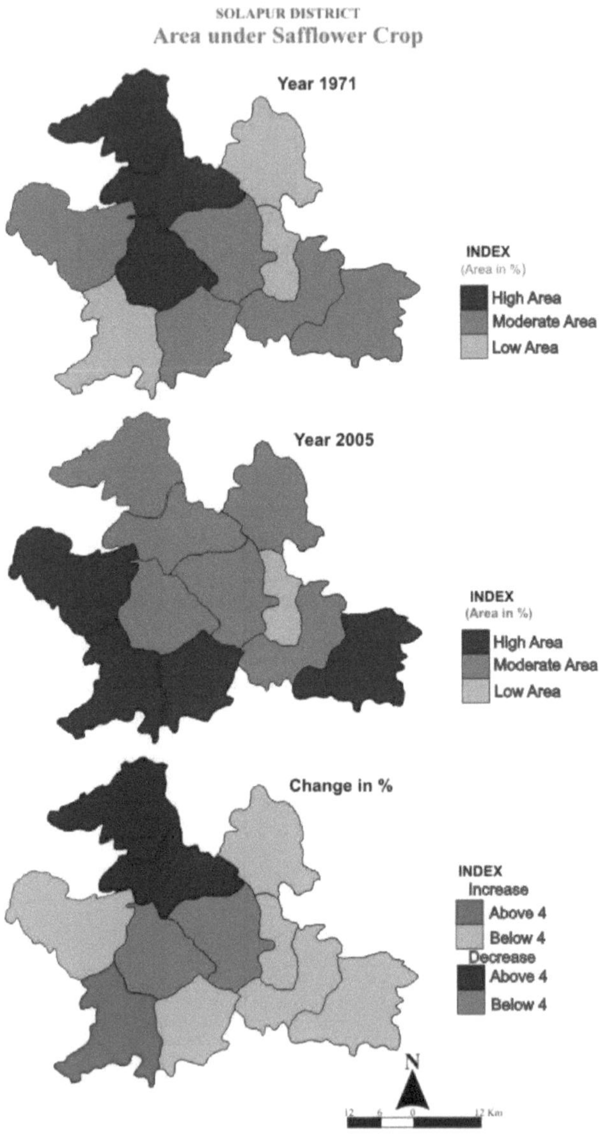
SOLAPUR DISTRICT
Area under Safflower Crop
Year 1971
INDEX
(Area in %)
High Area
Moderate Area
Low Area
Year 2005
INDEX
(Area in %)
High Area
Moderate Area
Low Area
Change in %
INDEX
Increase
Above 4
Below 4
Decrease
Above 4
Below 4
N
12 6 0 12 Km

Fig.- 4.18

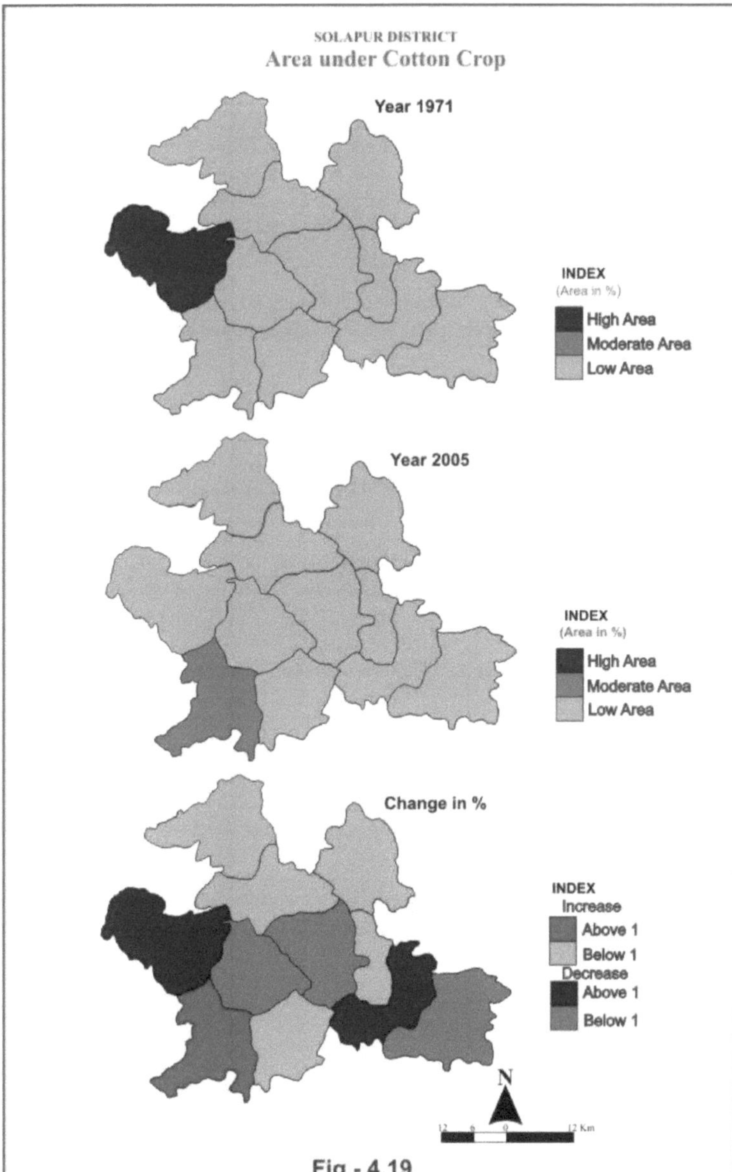
SOLAPUR DISTRICT
Area under Cotton Crop
Year 1971
INDEX
(Area in %)
High Area
Moderate Area
Low Area
Year 2005
INDEX
(Area in %)
High Area
Moderate Area
Low Area
Change in %
INDEX
Increase
Above 1
Below 1
Decrease
Above 1
Below 1
N
12 6 0 12 Km

Fig.- 4.19

Referências

1. Ali, Mohammad (1974): "Studies in Agriculture Geography", Publicação Rajesh, Nova Deli. Pp. 82-88

2. Balak, Ram e Joshi D.C. (1984): 'Land-use Soil Relationship in Arid Zone', The Deccan Geographer Vol-XXII Pp. 505

3. Bhalla G. S. (1972) : "Changing Structure of Agriculture in Haryana", Chandigarh . pp-45

4. Bharadwaj O P (1964): "Land-use in the lowland of the Satlej in the Dist. Jull under Deab-sample studies", The national Geographical Journal of India. Vol. 10, parte 2, pp. 257-292

5. Chavan T.S. (1987): 'Agriculture Geography,' Academic Publisher, Jaypur . Pp. 180.

6. Coppock J T (1971): "An Agriculture Geography of Great Britian", London G Bell.

7. Coppock, J. T. (1968): 'Changes in Landuse in Great Britain', Landuse and Resources Studies in Applied Geography, Institute of Britain Geographer, Londres, p.111.

8. Das, M. M. (1981): 'Landuse Pattern in Assam', Geographical Review of India, Vol. 43, Pp. 243-244.

9. Freeman, T. V. (1968): 'Geography and Planning', Biblioteca Universitária Hutchinson, Londres, P.74.

10. Johnson, B. L. C. (1958): 'Crop Association Regions in East Pakistan', Geographer, Vol. 43, Pp.86-103.

11. Kashid A. D. (2004): 'Agriculture Land use in Solapur District; A Geographical Analysis', dissertação de mestrado apresentada à Swami Ramanand University, Nanded. Pp. 39-75

12. Majid, Husain (2001): "Systematic Agricultural Geography," Rawat Publication, Jaipur & New Delhi, Pp. 222-223.

13. Mandal, M. B. (1990): "Land Utilization-Theory and Practice," Concept Publishing Company Ltd., Nova Deli, Pp. 2-3.

14. Mandal, R. B. (1982): "Land Utilization - Theory and Practice", Concept Publication Company Ltd., New Delhi, P.1.

15. More, K.S. (1980): "Changing Pattern of Agricultural Landuse in Kolhapur District (Maharashtra)," Tese de doutoramento não publicada, submetida à Universidade Shivaji, Kolhapur, Pp. 90-110.

16. Morgan, W. B. e Munton, R. J. C. (1971): 'Agricultural Geography', Methuen and Co., Londres, Pp. 38, 40,128,130.

17. Patil P. N. (1986): Agriculture in Drought prone Area of Maharashtra State; A case study of Solapur District. Dissertação de mestrado apresentada à Universidade Shivaji, Kolhapur. Pp. 34-49

18. Pawar C. T. (1989): Impact of Irrigation, A Regional Prtecpective . Himalaya Publishing House Bombay. Pp. 52-71

19. Phadnee, N. A. (1969): Fruit Trees in Maharashtra, Krishi Region (M.S. Pune).

20. Shinde, S. D. (1974): "An Agricultural Geography of Konkan Region (Maharashtra State)", Tese de Doutoramento não publicada, Universidade Shivaji, Kolhapur.

21. Shinde, S. D., Jadhav, M. G. e Pawar, C. T. (1978): "Agricultural Productivity in Maharashtra Plateau-A geographical Analysis", The National Geographer, Vil. XIII, Pp.35-41.

22. Singh Jasbir (1974): An Agriculture Atlas of India - A Geographical Analysis, Kurukshetra Vishal Publication. Pp. 139

23. Singh, G. B. (1979): "Transformation of Agriculture", Vishal Publications, Kurukshetra, Índia, p. 262-265.

24. Singh, Jasbir (1974): "An Agricultural Atlas of India- A Geographical Analysis," Vishal Publication, Kurukshetra, India, P.139.

25. Singh, Jasbir e Dhillon, S. S. (1984): "Agricultural Geography", Tata Mc-Graw Hill Publishing co. Ltd., Nova Deli, p.210.

26. Direção de Censos de Maharashtra : District censes Handbook, Solapur (1991, 2001)

Capítulo 4: Conclusões

Introdução:

No presente estudo, foi feita uma tentativa de examinar a relação entre os padrões de utilização dos solos no distrito de Solapur. A análise precedente apresenta as seguintes conclusões

1. A análise da utilização geral da terra revela que, durante um período de trinta e cinco anos (1970-71 a 2004-05), se registaram mudanças positivas nas terras não agrícolas (0,94%) e nas terras em pousio (4,21%) e mudanças negativas na floresta (0,09%), nas terras potenciais (1,63%) e nas terras agrícolas (6,58%). Isto significa que as terras agrícolas da área de estudo são convertidas em terras não agrícolas e potenciais.
2. O distrito de Solapur tem uma área florestal muito limitada, que diminuiu no distrito, enquanto diminuiu em Sangola, Malshiras, Karamala e Barshi tahsil e aumentou no resto do distrito. Em 2005, a percentagem de floresta era elevada (superior a 4%) nos talukas de Mangalwedha e Pandharpur e a percentagem de floresta era baixa (inferior a 2%) nos tahsil de Malshiras, Sangola, Akkalkot, Mohol, Madha, Barshi e South Solapur.
3. As terras não agrícolas aumentaram (0,94%) no distrito de Solapur. Aumentou em Mohol, Barshi, South Solapur, North Solapur, Akkalkot, Sangola e Pandharpur tahsil, enquanto diminuiu em Mangalwedha, Malshiras, Madha e Karamala tahsil do distrito de Solapur. Em 2005, observou-se uma área elevada (superior a 8%) de terras não agrícolas nos tahsil de Mohol e Sangola e uma área baixa (inferior a 5%) nos tahsil de Madha, Barshi, Malshiras, South Solapur e Akkalkot.
4. A terra potencial diminuiu (1,63%) no distrito de Solapur durante os trinta e cinco anos do estudo. Diminuiu em todos os tahsils, exceto no tahsil de Malshiras. Isto indica claramente que a área de pastagem permanente, de pastoreio e de árvores miscelâneas se converteu em terra agrícola.
5. Durante a investigação, observou-se que os 4,21% de terras em pousio diminuíram em todos os tahsils do distrito, exceto em Pandharpur e Barshi tahsil. Em 2005, o pousio mais elevado registou-se no tahsil de Sangola (38,64%) e o mais baixo no tahsil de Pandharpur (5,64%).
6. A área cultivada diminuiu (6,33%) no distrito de Solapur. A mudança negativa foi registada em todos os tahsils do distrito, exceto em Malshiras, Pandharpur e

Barshi tahsil. Em 2005, a área cultivada mais elevada registou-se em Pandharpur (82,14%) e a mais baixa em Sangola tahsil (40,40%). Isto mostra que as instalações de irrigação afectam predominantemente as terras agrícolas no distrito de Solapur.

7. O jawar tem uma importância primordial como cultura alimentar básica no distrito de Solapur. A área cultivada com jawar aumentou no distrito (12,33%), exceto em Sangola e Pandharpur tahsil. A cultura de bajara é cultivada em toda a área de estudo em pequena escala (menos de 4%), mas está especialmente concentrada em Sangola (7,29%), Mangalwedha (6,55%) e Malshiras tahsil (4,56%). Em 1971, a área cultivada com bajara era de 11,97%, tendo diminuído para 2,49% da área líquida semeada em 2005. O milho representava 0,98% da área semeada líquida em 1971 e 2,69% em 2005, tendo aumentado 1,71% da área semeada líquida. O trigo ocupava 2,39% das terras em 1971, tendo aumentado 4,80% da área líquida semeada em 2005.
8. A turfa é a primeira cultura de leguminosas na região de estudo. A maior área cultivada com tur é encontrada em Sangola tahsil e a menor área é observada em Karamala e South Solapur tahsil. A área cultivada com grama era de 2,28% em 1971, tendo aumentado em 2005, ou seja, 3,16% da área líquida semeada. A maior área cultivada com gramíneas situa-se em Barshi e a menor em Karamala tahsil. Moog tem outra importante cultura de leguminosas da região. É uma cultura de sequeiro moderadamente cultivada. A área cultivada com Moog era de 0,62% em 1971, tendo diminuído em 2005, ou seja, 0,19% da área líquida semeada.
9. A cana-de-açúcar é uma importante cultura comercial na região de estudo. Em 2005, ocupou 6,52% da área semeada líquida no distrito de Solapur. Aumentou cerca de 5% da área líquida semeada durante o período de estudo. Em 2005, a maior área cultivada com cana-de-açúcar foi observada em Malshiras tahsil e a menor em Karamala tahsil. A fruta é outra importante cultura de rendimento na região de estudo. Frutas como manga, uva, romã, baga, banana, goiaba e anona são cultivadas no distrito. Em 1971, a área cultivada com várias frutas era de 0,76% da área semeada líquida, enquanto em 2005 era de 4,86% da área semeada líquida. A maior área cultivada com fruta situa-se em Malshiras e a menor em Akkalkot tahsil.

10. O amendoim é a oleaginosa mais importante cultivada na região de estudo. Ocupava 0,58% da área semeada líquida do distrito em 2005. Durante o período de estudo, registou-se uma diminuição de 6,28% devido à sua substituição por culturas comerciais. A maior diminuição registou-se em Akkalkot tahsil e a menor em South Solapur tahsil. O cártamo é outra importante cultura oleaginosa cultivada no distrito. Cobria 3,44% da área no ano de referência de 2005. Durante o período de estudo, registou-se uma diminuição em pequena escala (0,69%).
11. A intensidade da irrigação tem vindo a mudar ao longo dos últimos trinta e cinco anos (1970-71 a 2004-05). A intensidade média regional da irrigação aumentou em 15,36. Observa-se uma elevada proporção de intensidade de irrigação nas tahsils de Sangola (63,63), seguida de Pandharpur e North Solapur. A intensidade da irrigação é muito baixa nos tahsils de Mangalwedha (16,23) e Karamala (16,31).
12. O índice de irrigação intensiva era de 122,99 em 1970-71 e o índice de irrigação intensiva diminuiu (11,67) de 1970-71 a 2004-05, respetivamente. O índice mais elevado de intensidade de irrigação regista-se no tahsil de Mangalwedha e o mais baixo no tahsil de Pandharpur em 2004-05.
13. O jawar é a primeira cultura em todos os tahsils da região. Em 1970-71, o cártamo e o amendoim ocupavam o segundo lugar em muitos tahsils da região, mas as culturas frutícolas substituíram-nas em 2004-04. O amendoim, os frutos, a grama e a bajara são também culturas importantes na região.
14. Em 1971, o jawar era monocultura em Madha, Barshi, Mohol, Pandharpur e Sangola tahsil, enquanto em Karamala, Malshiras e South Solapur se observou uma combinação de duas culturas, uma combinação de três culturas em Akkalkot e uma combinação de cinco culturas em North Solapur e Mangalwedha tahsil. No entanto, em 2005, o jawar é monocultura em Karamala, Madha, Barshi, Mohol, Pandharpur, North Solapur, South Solapur e Akkalkot tahsil. A combinação de duas culturas foi observada em Malshiras, Sangola, Mangalwedha e essas culturas são jawar, bajara e cana-de-açúcar.
15. O método de Weaver é utilizado para determinar a diversificação das culturas na região. Em 1971, observou-se uma diversificação muito elevada e elevada em oito tahsil, moderada em Pandharpur tahsil e muito baixa em Sangola e Mangalwedha

tahsil. Contudo, em 2005, a diversificação era muito elevada em seis tahsils, moderada em quatro tahsils e muito baixa no tahsil de Karamala.

16. No total, foram selecionadas setenta e duas aldeias de todo o distrito. Para o presente estudo, o distrito de Solapur está dividido em três grupos de acordo com a intensidade da irrigação: i) baixa irrigação; ii) irrigação moderada; iii) alta irrigação. Entre a região de baixa irrigação, oito tahsil fazem parte deste grupo. Trata-se dos tahsil de Karamala, Madha, Barshi, North Solapur, Mohol, Pandharpur, South Solapur e Akkalkot. Em seguida, os 216 agricultores são selecionados com base em três agricultores de cada aldeia.

17. Com base no trabalho de campo, observa-se que 79% dos agricultores pertencem ao grupo de meia-idade (21-60 anos), enquanto 21% dos agricultores pertencem ao grupo dos idosos (mais de 60 anos). A maior parte dos agricultores da amostra (36%) tem formação ao nível do ensino secundário, 38% até 10th a 12th standard, 12% até à licenciatura e superior. Os 12% dos agricultores são analfabetos.

18. Com base no inquérito de campo, quase 79,62% (172) dos inquiridos são apenas cultivadores. Enquanto apenas 7,87% dos inquiridos são prestadores de serviços e 5,09% são empresários agrícolas. Entre eles, 8,33% são grandes agricultores (mais de 10 acres), 78,24% são médios (5 a 10 acres) e 13,43% são pequenos agricultores (menos de 5 acres).

19. O total de 216 agricultores da amostra capturam 4458 acres de área. Revela que a Jawar é a principal cultura (57,59%) cultivada pelos agricultores da amostra. A bajara, os frutos e o trigo são também culturas importantes cultivadas pelos agricultores da amostra do distrito de Solapur.

20. Também é revelado que a produtividade das culturas é altamente afetada pela irrigação. A produtividade da cultura de jawar nas áreas irrigadas é de 10 quintais por acre, enquanto é de 04 quintais nas áreas não irrigadas. Na área irrigada, a produtividade da cultura bajara é de 12 quintais por hectare e de 04 quintais na área não irrigada. A produtividade da grama também é influenciada pela irrigação. A produtividade da cultura de grama irrigada é de 07 quintais, enquanto 02 quintais na área não irrigada.

21. O quadro n.º 6.8 revela que o total de 216 agricultores da amostra estão a cavar 210 poços, mas 201 poços são utilizados para irrigação. Os 09 poços estão secos

devido à deflexão das águas subterrâneas. Os 319 poços tubulares são construídos, mas 198 poços tubulares estão a fornecer água e os restantes estão fechados devido à ausência de água. 87 dos 216 agricultores da amostra utilizaram água de canal, 37 agricultores utilizaram tanques de armazenamento de água e 17 agricultores utilizaram camiões-cisterna. Os 68 agricultores da amostra utilizaram o esquema de irrigação por elevação, mas 65 agricultores utilizam o esquema de irrigação por elevação.

22. A análise do trabalho de campo revela que o método de irrigação por inundação é largamente utilizado (93,05% do total) pelos agricultores da amostra. Observa-se também que 52% dos agricultores utilizaram a irrigação por gotejamento e 7,87% dos agricultores utilizaram o sistema de irrigação por aspersão.
23. A análise revela que na época das monções todos os agricultores da amostra obtêm água para irrigação, mas os 203 agricultores da amostra (93,98%) disseram que a água está disponível para irrigação na época de inverno e apenas 42 agricultores (19,44%) obtêm água para irrigação na época de verão.
24. Com base no trabalho de campo, 23% dos agricultores da amostra do distrito de Solapur cultivaram três culturas numa exploração no mesmo ano, 50% dos agricultores da amostra cultivaram duas culturas e 26 agricultores cultivaram uma cultura. É evidente que a irrigação constitui um problema fundamental para os agricultores do distrito de Solapur, especialmente na época de verão.
25. Os problemas dos agricultores da amostra diferem de região para região. Entre eles, a menor pluviosidade, o baixo nível de água subterrânea, a gestão da água, a escassez de água, a ausência de eletricidade, a falta de instrumentos de irrigação, a política governamental, a inadequação dos agricultores, a frequência incerta da água do canal, a má manutenção dos canais e tanques, o problema da irrigação excessiva, etc. são os principais problemas dos agricultores da amostra.

   O distrito de Solapur está situado numa região propensa à seca, onde a escassez de água constitui um grande desafio para a agricultura. Os agricultores devem adotar técnicas de cobertura vegetal para maximizar a utilização eficiente da água disponível.

Sugestões:

1. A irrigação por gotejamento é altamente benéfica para garantir bons rendimentos das culturas durante a escassez de água. Atualmente, os poços e os furos são as fontes de irrigação mais comuns, mas é necessária a implementação em larga escala de programas de desenvolvimento de bacias hidrográficas para melhorar estes recursos.
2. Muitos agricultores ainda dependem de métodos de irrigação tradicionais, como a irrigação por inundação, que resulta num desperdício significativo de água. É, por conseguinte, crucial mudar para técnicas de poupança de água, como a irrigação por gotejamento ou por aspersão.
3. A água excedente dos rios Bhima e Krishna deve ser redireccionada para as zonas de Solapur afectadas pela seca. Esta água pode ser armazenada em pequenos tanques ou projectos menores para ajudar a recarregar as águas subterrâneas.
4. Nas zonas irrigadas por canais, os agricultores utilizam frequentemente água em excesso. É necessário sensibilizá-los para a otimização da utilização da água, a fim de atenuar, em certa medida, estes problemas.
5. É importante informar e educar os agricultores sobre as instalações de irrigação fornecidas pelo governo e os subsídios para furos, poços, tanques de armazenamento agrícola e sistemas como a irrigação por aspersão e gota a gota.
6. O distrito de Solapur tem muitos açudes K.T., pelo que devem ser feitos esforços para armazenar os excedentes de água do rio através de projectos de irrigação por elevação ou de junção de rios.
7. A gestão eficaz da água dos canais, bem como a garantia da regularidade e da frequência do abastecimento, são essenciais na região.
8. Para fornecer água à agricultura durante o verão, é necessário construir tanques de armazenamento de água para as explorações agrícolas ou shet-tales na área de estudo.

A aplicação destas sugestões ajudará a enfrentar os principais desafios em matéria de irrigação e agricultura. Se os agricultores adoptarem estas medidas, o futuro da irrigação e da agricultura na região, especialmente nas zonas de Maharashtra propensas à seca, será muito mais risonho.

MIX
Papier aus verantwortungsvollen Quellen
Paper from responsible sources
FSC® C105338

Printed by Books on Demand GmbH, Norderstedt / Germany